ESTHER SCHMIDT

HÜHNER BASICS

Hühnerhaltung für Anfänger

ESTHER SCHMIDT

HÜHNER BASICS

Hühnerhaltung für Anfänger

INHALT

7 NEWCOMER HUHN

09 Mit Herz und Verstand
10 **Auf einen Blick:** Warum Hühner?
12 Anatomie und Sinne
17 Ein Tag im Leben eines Huhns
21 Wer ist hier der Boss?
23 Männersache
24 Grundkurs Hühnerlatein
26 **Spotlight:** Vögel mit Geschichte
28 **Interview:** Huhn im Recht
31 Grünes Licht
35 **Step by Step:** Alles im Griff
36 **Auf einen Blick:** Hühnerrassen
40 Hühner-Shopping
42 **Reportage:** Rent a Huhn

45 SCHÖNER WOHNEN

47 Auf in die neue Heimat!
49 **Step by Step:** Vertrauenssache
50 Zusammenraufen
52 **Interview:** Begegnungen der anderen Art
55 Der Traum vom Eigenheim
58 Rohbau und Innenausbau
62 **Reportage:** Eglu Cube
64 Grundausstattung
68 **Spotlight:** Hauptsache, wetterfest
71 Aber bitte mit Garten!
73 Security-Check
74 **Auf einen Blick:** Outdoor-Equipment
76 Wenn Hühner türmen
77 **Step by Step:** Federn kürzen
79 Von wegen dummes Huhn
80 **Auf einen Blick:** Und Action, bitte!
82 Auf einen Click
83 **Step by Step:** Clickerpraxis

85 SERVICE MIT HERZ

87 Pick, pick, Picknick
88 Die Mischung macht's
91 **Selber machen:** Knödel und Keimsaat
93 Immer tipptopp
94 **Spotlight:** Gesundheitscheck
96 Pflegeassistenz
97 **Step by Step:** Sporn schneiden
98 In puncto Hygiene
101 Patient Huhn
103 **Step by Step:** Medikamente geben
104 Wichtige Impfungen
106 **Auf einen Blick:** Hühnerapotheke
108 Hühnerkrankheiten
111 Verhaltensstörungen
112 **Interview:** Nur nicht krank werden!
114 **Spotlight:** Erste Hilfe für Hühner

117 KREISLAUF DES LEBENS

119 Wunder Hühnerei
122 **Auf einen Blick:** Rund ums Ei
124 Kleine Kraftpakete
127 **Selber machen:** Allerlei vom Ei
128 Probleme lösen
131 Sex und Mutterfreuden
135 **Selber machen:** Regenwurmfarm
136 **Spotlight:** Charakterköpfe
138 **Interview:** Phytotherapie für Hühner

140 Register
142 Adressen & Literatur
144 Impressum

NEWCOMER HUHN

EYECATCHER, ENTERTAINER, EIERLIEFERANT: KEINE FRAGE, HÜHNER MÜSSEN ES SEIN!

Nützlich, pflegeleicht, zutraulich und kinderlieb, faszinierend und dabei noch hübsch anzuschauen – Hühner waren eben schon immer die perfekten Haustiere. Warum haben wir das nur so lange Zeit ignoriert?

MIT HERZ UND VERSTAND

WORAUF ES HUHN ANKOMMT

Sie sind begeistert vom ländlichen Leben? Sie haben einen Garten, den Sie gern mit Haustieren teilen würden, können aber nicht viel Zeit und Geld investieren? Dann sind Hühner genau die richtigen Mitbewohner für Sie. Die Haltung ist denkbar unkompliziert und die Pflege ein lohnendes Tauschgeschäft.

Die Hobbyhaltung von Hühnern boomt – auf dem Land und mitten in der Stadt. Die Tiere sind nicht nur sehr zutraulich und pflegeleicht, sondern überraschen mit einer komplexen Laut- und Körpersprache und faszinierenden Verhaltensweisen. Auch mit seinem schicken Outfit kann das Federvieh punkten, denn es sorgt für reichlich Farbe und Bewegung im Garten. Nicht zuletzt bringen uns die Hühner auch ein Stück Idylle aus längst vergangenen Tagen zurück. In einer Zeit, die von Hektik und Stress geprägt ist, sind sie echter Balsam für die Seele.

EIN GEBEN UND NEHMEN

Im Gegensatz zu anderen Haustieren warten Hühner nicht auf den täglichen Zimmerservice, sondern versorgen sich zu einem Großteil selbst. Natürlich nur, wenn man sie lässt. Auch wenn die Tiere nicht übermäßig anspruchsvoll sind, sollten sie ihre Grundbedürfnisse bei Ihnen voll ausleben dürfen. Ein möglichst großer, gut strukturierter Auslauf, der verschiedene Nahrungsquellen, Unterschlupfmöglichkeiten, Sonnenplätze und Sandbäder bietet, ist dafür ideal. Körnerfutter, Gemüse, Obst, Wasser und geeignete Reste aus der Küche ergänzen den Speiseplan. In Sachen Unterkunft sind Hühner nicht wählerisch. Der Stall muss nicht riesig sein, dafür aber wetterfest, sicher und sauber. Auch ein regelmäßiger Gesundheitscheck sollte nicht fehlen, denn gute Haltungsbedingungen bewahren leider nicht vor allen Krankheiten. Nicht zu vergessen – die nötigen Impfungen. Doch nichts ist umsonst! Die Pflegearbeiten werden von den Hühnern dankbar angenommen und natürlich bar in Naturalien bezahlt. In Zeiten von Massentierhaltung und Lebensmittelskandalen weiß wohl jeder ein Ei zu schätzen, dessen Produzenten er persönlich kennt!

Sie zählen zwar nicht zu den typischen Haustieren, aber liebenswert sind Hühner allemal. Sie punkten mit Entertainment der ganz besonderen Art, und Eier gibt's gratis obendrauf.

WARUM HÜHNER?

ACHT ÜBERZEUGENDE GRÜNDE

Mit der Hühnerhaltung liegen Sie voll im Trend. Doch das sollte keinesfalls das ausschlaggebende Motiv für die Anschaffung des lieben Federviehs sein. Es gibt wesentlich bessere Gründe, sich auf das Abenteuer Huhn einzulassen.

DÜNGERLIEFERANT

Hühnerkot liefert nährstoffreichen Dünger mit bodenbildenden Eigenschaften. Da er sehr scharf ist, sollte er vor dem Ausbringen in den Garten unbedingt kompostiert werden.

RESTEVERWERTER

Hühner gehören zu den Allesfressern und sind damit ideale Resteverwerter. So mancher Küchen- und Gartenabfall lässt sich gegen ein Frühstücksei eintauschen, und die Bio-Tonne wird weniger strapaziert. Verwechseln Sie Ihre Hühner aber bitte nicht mit Müllschluckern.

ENTERTAINER

Sie wollten nur kurz nach dem Rechten sehen? Aus wenigen Minuten wird oft eine Stunde, denn auf dem Hühnerhof ist immer etwas los. Das sympathische Federvieh bietet ein spannendes Unterhaltungsprogramm, bei dem Sie nicht nur jede Menge Spaß haben, sondern auch viel über das Sozialverhalten Ihrer Tiere lernen.

UNGEZIEFER-VERTILGER

Hühner brauchen viele Proteine. Deshalb picken sie fast alles, was im Garten kriecht, krabbelt und fliegt. Insekten aller Entwicklungsstadien sind beliebt, auch Schnecken und Würmer werden nicht verachtet. So erweisen sich die Tiere als wirksame Schädlingsbekämpfer.

BODENBEARBEITER

Sie wollen ein Stück Wiese als Gemüsegarten nutzen? Ihre Hühner helfen Ihnen gern bei den Vorarbeiten. Als vollbiologische Rasenmäher sind sie unschlagbar. Innerhalb kürzester Zeit verschwindet fast sämtliches Grünzeug in ihrem Kropf. Durch das ständige Scharren lockern sie die obersten Bodenschichten. Dadurch wird nicht nur der Boden belüftet, sondern auch hartnäckiges Unkraut ausgemerzt.

SELBSTVERSORGER

Mutter Natur hat den Tisch reich gedeckt, und die Hühner bedienen sich am liebsten selbst. Das füllt nicht nur den Kropf, sondern sorgt auch für Abwechslung. Je größer der Auslauf, umso mehr Futterkosten können Sie sparen.

FÜR KINDER IDEAL

Hühner werden rasch zutraulich und lernen Tricks im Handumdrehen. Bei Versorgung und Pflege können die Kids tatkräftig mit anpacken und werden umgehend für ihre Hilfe belohnt. Die tägliche Nestplünderung ist immer wieder ein besonderes Erlebnis.

EIERPRODUZENT

Mit einer kleinen Hühnerschar im Garten bekommen Sie und Ihre Familie das tägliche Frühstücksei nicht nur in einer super Qualität, sondern auch per Expresslieferung. Nicht einmal bezahlen müssen Sie für den Service. Den gefiederten Erzeugern reicht ein bisschen liebevolle Pflege völlig aus.

ANATOMIE UND SINNE

PERFEKT AN DAS LEBEN ANGEPASST

Hühner sind bereits seit Tausenden von Jahren domestiziert und führen ein mehr oder minder schönes Leben an der Seite des Menschen. Ihre Anatomie und Sinneswahrnehmung haben sich währenddessen kaum gewandelt und entsprechen auch heute noch weitgehend denen ihrer wilden Vorfahren im Dschungel.

FÜRS FLIEGEN GEMACHT

Auch wenn unsere Hühner nur zu den Kurzstreckenfliegern gehören, sind ihr Körperbau und ihre Biologie ganz und gar auf das Fliegen ausgerichtet. Die Natur hat alle nötigen Voraussetzungen dafür geschaffen, dass Vögel nicht nur die Schwerkraft erfolgreich austricksen und vom Boden abheben, sondern auch den Luftwiderstand überwinden und sich vorwärts bewegen können. Dank ihres Vorbildes ist es auch dem Menschen gelungen, die Luftwege zu erobern. Doch mit der Leichtigkeit und Eleganz des Vogelfluges können sich unsere Flugzeuge und sonstigen Flugmaschinen bis heute nicht messen.

Abheben oder nicht? Hierbei spielen das Gewicht und das Temperament eine entscheidende Rolle. Auf der Flucht wachsen aber auch weniger flugbegabte Hühner weit über sich hinaus.

Effektive Leichtbauweise

Wer zu viel wiegt, hebt niemals ab. Deshalb haben alle flugfähigen Vögel einen extrem leichten Körperbau. Ihre Knochen sind sehr dünnwandig und nicht wie bei Säugetieren mit Mark gefüllt, sondern größtenteils hohl und lufthaltig. Durch spezielle Verwachsungen bildet das Skelett eine feste und widerstandsfähige Einheit, die den enormen Kräften, die beim Flügelschlag auf den Körper einwirken, problemlos standhalten kann.

Niemals außer Puste

Das Fliegen ist sehr kräftezehrend. Ein außergewöhnlicher Atmungsapparat sorgt dafür, dass der enorme Sauerstoffbedarf ausreichend gedeckt ist und vor allem die Brustmuskulatur kraftvoll arbeiten kann. Die eingeatmete Luft fließt durch die Lunge in weitere Kammern, die als Luftsäcke bezeichnet werden. Auf diese Weise strömt die Luft beim Ausatmen ein zweites Mal durch die Lunge, sodass sie optimal mit frischer Luft versorgt wird. Im Vergleich zu den

Säugetieren ist die Atmung der Vögel also doppelt effektiv. Damit der Sauerstoff auch da ankommt, wo er gebraucht wird, besitzen Vögel zudem ein relativ großes Herz, welches das Blut rasch durch den Körper pumpt.

Mit leichtem Gepäck

Wo lässt sich weiteres Gewicht sparen? Die Natur ist da sehr einfallsreich. Eine flotte Verdauung, bei der unnötiger Ballast ruckzuck wieder ausgeschieden wird, ist ebenso hilfreich wie der leichte, aber trotzdem stabile Schnabel aus Horn. Dank ihres Kropfes, in dem die Nahrung eingeweicht wird, brauchen sich Vögel auch nicht mit schweren Zähnen belasten. Selbst die Fortpflanzung ist perfekt an das Vogelleben angepasst. Während die Entwicklung des Nachwuchses bei Säugetieren fast immer über längere Zeit im Mutterleib stattfindet, legen die Vogelweibchen befruchtete Eier. So können sie ihren Mutterpflichten durch Brüten außerhalb ihres Körpers nachkommen und werden nicht durch zusätzliches »Gepäck« beim Fliegen beeinträchtigt.

Federleicht und aerodynamisch

Einen wichtigen Beitrag zum Fliegen leistet das Gefieder. Eine Feder besteht aus einem Schaft mit Seitenästen, die gemeinsam die Fahne bilden. Die Seitenäste verzweigen sich in Bogen- und Hakenstrahlen, die sich ähnlich einem Reißverschluss ineinander verzahnen. Den unteren Teil des Schaftes ohne Seitenäste nennt man Federspule.

Das Gefieder setzt sich aus unterschiedlichen Federn zusammen. Die flauschigen Dunen isolieren die Haut, um die Körpertemperatur zu halten. Die Deckfedern bilden eine zusätzliche Schutzschicht gegen Kälte. Die Schwungfedern sind fürs Abheben und Fliegen zuständig, und die Schwanzfedern übernehmen das Steuern und Bremsen.

Die Federschäfte sind wie die Knochen hohl und so sehr leicht und stabil. Beim Ausbreiten der Flügel entsteht eine dichte, luftundurchlässige Fläche, ähnlich einem Fächer. Da die Flügel nach oben gewölbt sind, muss die heranströmende Luft auf der Oberseite des Flügels einen längeren Weg zurücklegen als an der Unterseite. Dadurch bekommt der Vogel Auftrieb. Beim Flügelschlag wird Luft nach hinten weggedrückt, sodass sich der Vogel vorwärts bewegt.

LIEBER BODENSTÄNDIG

Auch wenn unsere Hühner perfekt für Flugreisen ausgerüstet sind, fühlen sie sich zumeist am Boden doch besser aufgehoben. Einige Rassen können aus Gewichtsgründen gar nicht mehr fliegen, andere haben ihre angeborene Leidenschaft jedoch noch nicht ganz verloren. Sie überraschen ihren Halter immer wieder gern mit spontanen Flugeinlagen, die zwar ein wenig eingerostet erscheinen, aber

Wegen der fehlenden Hakenstrahlen bilden die Federn der Seidenhühner keine zusammenhängende Fläche. Ihr Gefieder hat deshalb eine fellartige Struktur.

durchaus für einen Ausflug auf das Dach des Schuppens oder die andere Seite des Zaunes ausreichen.

Die meiste Zeit sind Hühner jedoch zu Fuß unterwegs. Das Scharren gehört zu ihren Grundbedürfnissen, denn so legen sie im Boden verborgene Nahrung frei. Hühner besitzen vier Zehen, von denen drei nach vorne zeigen. Der vierte Zeh ist leicht nach hinten gerichtet und gewährleistet so einen sicheren Stand. Einige Rassen verfügen sogar über fünf Zehen, wobei der zusätzliche Zeh nur eine Laune der Natur ist und keine wichtige Funktion übernimmt. Ein typisches Körpermerkmal der männlichen Hühner ist der Sporn, der zu Verteidigungszwecken eingesetzt wird (→ *Seite 97*) und beachtliche Länge erreichen kann.

Das Objekt der Begierde wird von allen Seiten neugierig in Augenschein genommen. Erst die Überlagerung der in kurzem zeitlichem Abstand gewonnenen Einzelbilder im Gehirn ermöglicht den Hühnern eine räumliche Wahrnehmung.

REINE KOPFSACHE

Auf der Schädeldecke des Huhnes befindet sich der Kamm. Es handelt sich hierbei um eine Art Hautlappen, der mehr oder weniger stark gezackt ist. Die Hautanhänge unter dem Schnabel bezeichnet man als Kehllappen, die fleischigen Auswüchse unter dem Gehörgang als Ohrscheiben bzw. Ohrlappen. Der Gehöreingang ist durch Federn geschützt.

Kamm und Kehllappen gehören zu den sekundären Geschlechtsmerkmalen eines Huhns. Je nach Rasse gibt es deutliche Unterschiede hinsichtlich Größe, Form und Farbe. Der Kamm entwickelt und färbt sich erst im Laufe der Zeit. Bei ausgewachsenen Hennen ist er aber deutlich unauffälliger als bei Hähnen. Der Herr des Hühnerhofs kann je nach Rasse sogar mit verschiedenen Kammformen, wie z. B. Einfachkamm, Kronenkamm und Rosenkamm, aufwarten. Bei Hühnern mit Haube verschwindet der nur schwach ausgebildete Kamm jedoch unter der Federpracht.

MIT ALLEN SINNEN

Die Sinnesorgane der Hühner sind perfekt an ihre Lebensweise angepasst. Sie sorgen dafür, dass die Vögel sich gut orientieren, ausreichend Nahrung finden, Feinde rechtzeitig enttarnen und miteinander kommunizieren können.

Alles im Blick

Im Verhältnis zum Kopf sind die Augen eines Huhns relativ groß. Sie sitzen seitlich und werden jeweils durch zwei horizontale Lider (Ober- und Unterlid) und die sogenannte Nickhaut geschützt. Dieses halb durchsichtige dritte Lid gleitet wie ein Scheibenwischer vertikal von der Schnabelseite nach außen. Es dient zur Reinigung und Befeuchtung des Auges und filtert grelles, zu intensives Licht.

- ***Nahsicht:*** Sie ist bei Hühnern hervorragend. Selbst kleinste Gegenstände können noch aus einem Abstand bis zu 5 m haarscharf wahrgenommen werden.

- ***Fernsicht:*** In ihrem ursprünglichen, dicht bewachsenen Lebensraum brauchen Hühner kein weites Gelände zu überblicken. Deshalb ist ihre Fernsicht weniger gut ausgebildet, wobei Bewegungen leichter wahrgenommen werden. Unbewegte Objekte sind für Hühner ab einer Entfernung von etwa 50 m nicht mehr zu erkennen.
- ***Rundumsicht:*** Die Anordnung der Augen ermöglicht einen fast kompletten Rundumblick. Den hinteren, nicht von den Augen erfassten Bereich kann das Huhn durch die Drehung seines sehr biegsamen Halses überbrücken.
- ***Räumliches Sehen:*** Durch die seitliche Anordnung der Augen ist es um das räumliche Sehvermögen und die Abschätzung von Entfernungen weniger gut bestellt. Nur ein kleiner, über dem Schnabel liegender Bereich wird von beiden Augen gleichzeitig und damit dreidimensional wahrgenommen. Dieses Defizit gleicht das Huhn durch einen Trick aus. Es fixiert ein Objekt erst mit dem einen, dann mit dem anderen Auge. Das Gehirn speichert beide Bilder ab und überlagert sie quasi, sodass ein dreidimensionaler Eindruck entsteht. Diese Vorgehensweise erklärt auch den typischen Zickzackgang eines Huhns und die dabei ausgeführten, seltsam anmutenden Kopfbewegungen.
- ***Farbensehen:*** Hühner sind in der Lage, Farben zu unterscheiden. Forschungen haben gezeigt, dass sie Orange und Rot besonders mögen, aber auch Grün und Blau erkennen.
- ***Nachtsicht:*** Wer nachts schläft, braucht kein gutes Nachtsichtvermögen. Sobald es draußen dunkel wird, ziehen sich die Hühner in ihren geschützten Stall zurück.

Ohren auf Empfang

Hühner besitzen keine Ohrmuscheln. Stattdessen haben sie an jeder Kopfseite einen etwas versteckt liegenden und dicht befiederten Hörsaum, der den Eingang zum Gehörgang schützt. Um die vielfältigen Geräusche der Umgebung aus allen Richtungen wahrnehmen zu können, müssen sie den Kopf häufig bewegen. Nichtsdestotrotz haben sie einen exzellenten Hörsinn, der nicht nur vor anschleichenden Feinden und Angriffen aus der Luft warnt, sondern auch die Kommunikation mit den Artgenossen ermöglicht.

An Alltagsgeräusche, wie Autoverkehr, Hundebellen oder sogar wiederkehrendes Sirenengeheul, gewöhnen sich die Hühner rasch. Haben sie begriffen, dass keine Gefahr droht, werden die Geräusche einfach ignoriert. Es sei denn, sie stehen in direktem Zusammenhang mit der Fütterung. Das Nahen des Halters, das Klappern von Geschirr oder nur das Öffnen eines Fensters geben den Startschuss, und schon steht die gesamte Hühnermannschaft Spalier.

APPETIT STATT GESCHMACK

Hühner haben im Gegensatz zu anderen Tieren einen kaum entwickelten Geschmackssinn. Mit ihren wenigen Geschmacksknospen können sie lediglich süß, sauer, salzig und bitter unterscheiden. Stattdessen verfügen sie über einen sogenannten spezifischen Appetit, der vermutlich physiologische Ursachen hat. Dadurch sind sie in der Lage, aus dem Angebot an Futter genau die Komponenten herauszusuchen und aufzunehmen, die sie benötigen, um Mangelerscheinungen auszugleichen. Das setzt ein vielfältiges Futterangebot voraus, damit die Hühner »ad libitum«, also nach Belieben, drauflospicken können.

IMMER MIT GEFÜHL

Zu den Lieblingsbeschäftigungen der Hühner gehört das Scharren und Picken. Deshalb konzentriert sich ihr Tastsinn auf Füße, Schnabel und Zunge. Die Berührungsreize werden zum Gehirn weitergeleitet und dort verarbeitet.

Sind die Kopfanhänge unter den Gehörgängen eines Huhns weiß, nennt man sie Ohrscheiben, sind sie rot, spricht man von Ohrlappen. Ihre Funktion ist noch nicht geklärt.

Gisela Stahl, 39 Jahre, lebt mit Mann und zwei Kindern auf dem Land. Das großzügige Grundstück bietet auch einer stattlichen Hühnerschar ein Zuhause.

STANDORTTREUE

Meine Hühner können einen sehr großen Auslauf nutzen, der mit einem hohen Zaun gesichert ist. Bislang hatte ich keine Probleme mit Ausbrechern, obwohl meine Rassen zu den guten Fliegern gehören. Doch gestern wurden die Tiere von einer Greifvogelattacke überrascht. Zum Glück kam ich hinzu und konnte das Schlimmste verhindern. In ihrer Panik waren zwei Hennen hoch aufgeflogen, hatten die Umzäunung mühelos überwunden und sogar noch etliche Meter fliegend zurückgelegt, um anschließend in einem nahe gelegenen Park unterzutauchen. Trotz stundenlanger Suche konnte ich die Tiere nicht finden. Normalerweise sind Hühner standorttreu und entfernen sich nicht weiter als 50 m von ihrem Stall, aber bei der überstürzten Flucht hatten sie vermutlich die Orientierung verloren. Mit der Gewissheit, dass ich meine lieben Hennen nie wieder sehen würde, trottete ich traurig nach Hause. Doch ich hatte die Cleverness meiner Hühner unterschätzt. Am übernächsten Morgen warteten die beiden Hennen schon aufgeregt an der Stalltür auf mich und konnten es gar nicht erwarten, wieder mit ihren Artgenossen vereint zu sein. Überglücklich ließ ich die unfreiwilligen Ausreißer herein und spendierte ihnen zur Feier des Tages eine Extraportion ihres Lieblingsfutters.

NICHT DIE HOFFNUNG AUFGEBEN! VERÄNGSTIGTE TIERE VERSTECKEN SICH ZUERST, SUCHEN DANN ABER DEN WEG ZURÜCK ZUM STALL.

- ***Schnabel:*** Der Schnabel gilt als das wichtigste Tastinstrument. Er ist von zahlreichen dichten Nervenbündeln durchzogen, die in Tastkörperchen enden und auf Reize reagieren. Neben Nestbau, Putzen und sozialer Interaktion kommt der Schnabel vor allem bei der Nahrungssuche zum Einsatz. Da der Geschmackssinn der Hühner wenig ausgeprägt ist, entscheiden die Tiere quasi nach Gefühl, ob sie ein bestimmtes Futter mögen oder nicht. Mit dem Schnabel wird die Beschaffenheit, wie Größe, Form, Oberflächenstruktur, Härte und Konsistenz, genau unter die Lupe genommen. Seine Funktion ist vergleichbar mit den Fingerspitzen des Menschen. Vermutlich nehmen Hühner Temperaturschwankungen, Schmerzen und andere unangenehme Reize nicht nur über die dafür zuständigen Rezeptoren in der Haut wahr, sondern auch mittels Schnabel.
- ***Vibrissen:*** Der Tastsinn des Schnabels wird durch zahlreiche Vibrissen unterstützt. Diese feinen Federn sind im Gesichtsbereich angeordnet und funktionieren ähnlich wie die Tast- oder Schnurrhaare der Säugetiere.
- ***Frühwarnsystem:*** In den Füßen und unter anderen Hautpartien besitzen Hühner sogenannte Vibrationsorgane. Damit können sie Schwingungen des Bodens und der Luft wahrnehmen und werden bei Annäherung von potenziellen Feinden rechtzeitig gewarnt. Das ist vor allem in der Nacht, wenn der Sehsinn versagt, von Vorteil.

ECHTE SUPERNASEN

Bei den Hühnern galt der Geruchssinn bislang als nur wenig ausgeprägt. Wer im Mist scharrt, kann wohl kaum empfindlich gegenüber unangenehmen Düften sein. Eine Studie des Max-Planck-Instituts für Ornithologie bewies jedoch das Gegenteil. Bei neun getesteten Arten, die nicht oder nur wenig miteinander verwandt waren, schaffte es erstaunlicherweise das Huhn auf die vorderen Plätze und überzeugte mit einem super Riecher. Von seinen 570 Geruchsrezeptor-Genen sind 80 Prozent aktiv. Damit ist sein Geruchssinn ähnlich gut ausgebildet wie der von uns Menschen. Wir besitzen zwar 1000 dieser Gene, davon sind aber nur rund 50 Prozent aktiv. Man kann also davon ausgehen, dass bei der Wahrnehmung der Umwelt auch der Geruchssinn der Hühner einen wertvollen Beitrag leistet!

EIN TAG IM LEBEN EINES HUHNS

GELEBTE WORK-LIFE-BALANCE

Sie stehen im Morgengrauen auf und gehen mit der Abenddämmerung ins Bett. Hühner sind Gewohnheitstiere und folgen einem eigenen Rhythmus. Bei artgerechter Haltung können sie ein Leben fast wie in freier Natur führen und ihren typischen Verhaltensweisen nachgehen. Doch was treiben sie eigentlich den lieben langen Tag?

PICKEN UND AUSSCHEIDEN

Das Futterpicken gehört zu den angeborenen Verhaltensweisen eines Huhns und muss nicht erst erlernt werden. Die Futteraufnahme hat im Leben eines jeden Vogels eine zentrale Bedeutung. Aufgrund seines schnellen Stoffwechsels braucht er wesentlich mehr Energie als ein Säugetier.
Mit dem ständigen Picken geht auch ein gehäufter Kotabsatz einher. In Anpassung an das Fliegen muss unnötiger Ballast so schnell es geht wieder über Bord geworfen werden. Darum setzen Hühner ungefähr zwei- bis dreimal pro Stunde Kot ab. Da der Verdauungstrakt und die Harnwege des Huhns zusammenlaufen, urinieren Hühner nicht separat. Der Harn wird durch Wasserentzug so stark eingedickt, dass er zusammen mit dem Kot als halbfeste, weißliche Masse ausgeschieden werden kann. Der Kotabsatz erfolgt bevorzugt nach den Schlaf-, Ruhe- und Putzphasen, aber auch während der Futteraufnahme *(→ Seite 87)*.

SCHARREN

Das unablässige Scharren erfolgt bei den Hühnern gleichfalls instinktiv und hat eine direkte Verbindung zum Picken. Selbst wenn das begehrte Futter direkt vor ihrem Schnabel liegt, wird gescharrt. Dazu bewegt das Huhn entweder nur einen Fuß oder auch beide Füße im Wechsel rasch nach hinten, wobei die Krallen an den Zehenspitzen über den Boden kratzen. Danach treten die Hühner einen Schritt zurück, fixieren die Scharrfläche einen kurzen Moment und picken dann munter drauflos.
Beim eifrigen Umschichten des Untergrunds wird so mancher Leckerbissen freigelegt. Das Picken und Scharren ist ein typisches Verhalten, dass Sie auf jeden Fall unterstützen sollten. Auch bei gut gefülltem Futternapf im Stall wollen

Hühner naschen gerne Früchte und Beeren. Obstbäume und Beerensträucher im Auslauf sind willkommene Selbstbedienungstheken, die zugleich für zusätzliche Vitamine sorgen.

Ihre Hühner lieber im Auslauf auf Beutejagd gehen. Dabei werden Krallen und Schnabel kontinuierlich abgenutzt, sodass ein Kürzen in der Regel nicht nötig ist (→ *Seite 96*).

RUHEPAUSE

Hühner nehmen verschiedene Ruhepositionen ein. Sie kauern sich zusammen mit dem Bauch auf den Füßen oder stehen auch manchmal auf einem Bein einfach nur in der Gegend herum. Das Gefieder ist meist leicht gesträubt, die Augen sind immer nur kurzzeitig geschlossen. Schließlich muss man jederzeit mit einem Angriff rechnen. Während des Ruhens vernachlässigen die Hühner den sonst gewahrten Individualabstand und rücken näher zusammen. Außerhalb des Stalls nutzen sie hierzu meist einen geschützten Ort (Unterstand, dichtes Gebüsch). Sind Zwischenfälle mit Fressfeinden oder andere Schrecknisse eher selten, dösen mutige Hühner auch auf freier Fläche.

SCHLAFEN

Für eine ungestörte Nachtruhe brauchen Hühner einen geschützten und gut gesicherten Ort, sonst sind sie leichte Beute für Fressfeinde. In freier Natur suchen sie deshalb erhöhte Plätze auf und schlafen bevorzugt auf Bäumen. Diesem natürlichen Verhalten sollten Sie entsprechen, indem Sie Ihren Hühnern im Stall Sitzstangen zur Verfügung stellen, die auch für weniger gute Flieger leicht erreichbar sind. In der Abenddämmerung ziehen sich die Hühner in die Nähe des Stalls zurück. Hier wird noch mal ordentlich gescharrt und gepickt. Schließlich ist die Nacht lang, da muss der Kropf gut gefüllt sein. Vor Einbruch der Dunkelheit nehmen die Hühner ihre Schlafplätze ein. Wenn es die Einrichtung erlaubt, sitzen die Hühner je nach Rang auf Stangen in unterschiedlicher Höhe. Ist die Hühnerschar zur Ruhe gekommen, können Sie nachzählen, ob alle Bewohner da sind, und den Stall sicher verschließen.

Die Beine eines Huhns werden auch Ständer genannt. Ihre Muskulatur ist sehr stark ausgeprägt, sodass die Tiere stundenlang nach Futter scharren und umherwandern können.

SCHON GEWUSST?

HÜHNER KÖNNEN TRÄUMEN

Forschungen haben gezeigt, dass Hühner eine sogenannte REM-Schlaf-Phase (Rapid Eye Movement) durchlaufen, in der die Augäpfel hinter den geschlossenen Lidern hin und her wandern. Der REM-Schlaf gilt als Traumphase!

PUTZEN, SAND- UND SONNENBADEN

Neben dem Picken und Scharren ist auch die tägliche Körperpflege ein wesentlicher Bestandteil des Hühneralltags. Vögel sind auf ein intaktes Federkleid angewiesen, denn es ist Grundlage für das Fliegen und schützt vor Kälte, Feuchtigkeit und Krankheiten. Auch unsere Haushühner widmen der Reinigung von Haut und Gefieder viel Zeit. Ihr Badevergnügen findet aber nicht im Wasser, sondern im Sand statt. Die Staubpartikel binden überschüssiges Gefiederfett und verstopfen die Atemwege von Ungeziefer, sodass der Unrat einfach ausgeschüttelt werden kann (→ *Seite 93*).
Um das für viele Stoffwechselvorgänge im Körper nötige Vitamin D bilden zu können, halten sich Hühner auch gern in der Sonne auf. Besonders nach Schlechtwetterphasen kann man sie bei ausgedehnten Sonnenbädern beobachten.

NESTSUCHE UND EIABLAGE

Ihren Job als Eierlieferant erledigen die Hennen gern in einer gemütlichen und abgedunkelten Umgebung. Wenn die angebotenen Legenester diese Ansprüche nicht erfüllen, suchen sich die Damen auch schon mal ein nettes Plätzchen unter einem Busch im Auslauf. Selbst wenn Standort und Einrichtung passen, werden oftmals nicht alle Nester genutzt. Junge Hennen lassen sich gern von ihrem Hahn oder einer älteren Henne bei der Auswahl beraten. Nester, in denen bereits Eier liegen, sind besonders beliebt. Ist ein favorisiertes Nest schon besetzt, steht Huhn erst einmal Schlange. Wenn es jedoch zu lange dauert, kann es vorkommen, dass die Henne sich zum Unmut ihrer Artgenossin einfach mit ins Nest drängelt. Innerhalb der nächsten 20 bis 30 Minuten bereitet sie sich auf die Eiablage vor. Ist es endlich so weit, richtet sich die Henne auf, legt den Kopf an die Brust und die Schwanzfedern in Richtung Körper. Und schwups – ist das Ei da. Laut von ihrem Erfolg gackernd, verlässt sie das Nest und kehrt zurück zur Herde.

SCHREITEN UND RENNEN

Küken sind recht fix auf den Beinen, und bei genügend Bewegungsfreiheit legen sie schon mal einen Marathon von einem oder mehr Kilometern am Tag zurück. Ältere Hühner schreiten deutlich gemächlicher voran, setzen scheinbar wohlüberlegt ein Bein vor das andere und sind meist im Zickzackkurs (→ *Seite 15*) unterwegs. Rufen die Artgenossen zu einem Stelldichein, weil sie z. B. eine neue Futterquelle entdeckt haben und schwesterlich teilen möchten, können die Hühner durchaus einen Gang zulegen. Für ein bisschen mehr Speed wird dann auch gern mal geflattert.

FLÜCHTEN UND VERSTECKEN

Erblickt ein Huhn einen Fressfeind, stößt es laute Warnrufe aus. Anhand des Gegackers erkennen die Artgenossen, ob die Gefahr vom Boden oder aus der Luft droht. Umgehend bringen sich die Tiere in Sicherheit, indem sie zum nächstgelegenen Versteck sprinten und darin untertauchen. Viele Unterschlüpfe und eine üppige Bepflanzung mit Büschen und Sträuchern erhöhen ihre Chancen. Ist ein Hahn in der Herde, übernimmt er die Beschützerrolle. Er deckt den Rückzug seiner Hennen, bevor er selbst die Flucht ergreift. Besonders draufgängerische Exemplare stellen sich auch todesmutig dem Kampf. Zumindest gegenüber Hund und Katze haben sie eine reelle Chance, da diese nicht selten ob

Ist Gefahr im Verzug, verfällt auch der sonst gemächlich stolzierende Hahn in einen flotten Laufschritt. Hühner können eine Geschwindigkeit von ca. 15 km/h erreichen.

Das Staubbad gehört einfach dazu! Denn Hühner sind auf ein intaktes Federkleid angewiesen. Ohne Sandkiste wird der Auslauf rasch zur Kraterlandschaft.

Auch der Wächter des Hühnerhofs braucht ab und an eine Pause. Während er die Mittagssonne genießt, übernimmt eine erfahrene Henne seinen Job als Aufpasser.

Die Flügel dienen nicht nur zum Flattern und Fliegen, sondern auch als Kommunikationsinstrument der Hühner, das ihre Lautsprache unterstützt.

der Gegenattacke die Flucht ergreifen. Selbstbewusste Hähne machen zwar einen prima Job, können aber für den Halter zum Problem werden, falls er selbst ins Feindbild passt. Vor allem Kinder sollten hier besser Abstand halten.

ERSTARREN

Viele Küken, aber auch einige erwachsene Hennen geraten bei einem Überraschungsangriff dermaßen in Panik, dass sie in eine sogenannte Schockstarre verfallen. Sie kippen an Ort und Stelle einfach um, schließen die Augen und reagieren nicht mehr auf äußere Reize. Dieses »Totstellen« macht durchaus Sinn, da klassische Jäger meist auf Bewegungen reagieren und ruhende Objekte weniger wahrnehmen.
Fassen Sie ein erstarrtes Huhn nicht unnötig an. Nach einiger Zeit löst sich die Starre von selbst. Es kommt vor, dass der Totgeglaubte unvermittelt auf die Beine springt und mit Verspätung panisch davonflitzt. Die Schockstarre lässt sich auch provozieren, indem man Küken auf den Rücken, erwachsene Hühner auf die Seite legt. Das kann bei medizinischen Maßnahmen von Vorteil sein, sollte aber nur in dringenden Ausnahmen zur Anwendung kommen.

FLATTERN UND FLIEGEN

Ist Gefahr im Verzug, besinnen sich die Hühner instinktiv auf ihre ureigene Leidenschaft – das Fliegen. Obwohl nur wenig graziös, ist dies immer noch effektiv. So kann das Huhn rascher flüchten und sich nicht nur auf dem Boden verstecken, sondern auch auf einen Baum retten.
Wenn ein Huhn häufiger ausbüxt, stutzt man ihm gerne die Flügel *(→ Seite 77)*. Doch bedenken Sie bitte auch, dass man dadurch nicht nur die Optik beeinträchtigt, sondern dem Tier auch eine wesentliche Fluchteigenschaft nimmt.

ERKUNDEN UND SPIELEN

Hühner sind von Natur aus neugierig. Wenn sie sich trotz Auslauf nur in der Nähe des Stalls aufhalten, fehlt es der Freifläche vermutlich an Struktur. Geboren als Beutetier, möchte man nicht auf dem Präsentierteller sitzen, sondern immer ein sicheres Versteck im Rücken haben.
Das Spielverhalten ist nur bei Küken ausgeprägt. Schon wenige Wochen nach dem Schlupf sprühen sie vor Energie und Tatendrang. Sie rennen oder flattern um die Wette und springen sich gegenseitig an. Aus der harmlosen Spielerei wird im Laufe der Zeit ein echtes Kräftemessen, das die Tiere auf künftige Rangkämpfe vorbereitet *(→ Seite 21–22)*.

WER IST HIER DER BOSS?

GEREGELTES ZUSAMMENLEBEN

Hühner sind Herdentiere und brauchen zum Wohlfühlen mehrere Artgenossen an ihrer Seite. Damit das Leben in der Großfamilie funktioniert, herrscht eine strenge Hierarchie. Doch wie erfolgt die Vergabe der Rangstufe? Welche Rechte und Pflichten hat das einzelne Huhn, und was passiert, wenn jemand die Spielregeln verletzt?

GEMEINSAM STARK

Die wilden Vorfahren unserer Haushühner leben in größeren Gruppen zusammen. Die Kooperation bietet einige Vorteile, denn jedes Huhn kann von den besonderen Vorzügen und Fähigkeiten seiner Artgenossen profitieren. Entdeckt ein Huhn eine Nahrungsquelle, wird sie allen kundgetan und kollektiv genutzt. Gemeinsame Ruheplätze bieten mehr Sicherheit gegenüber Fressfeinden. Entgeht einem Huhn ein Warnhinweis, schlägt der wachsamere Artgenosse Alarm. Kräftige Tiere übernehmen die Beschützerrolle für die gesamte Familie. Die Fortpflanzung ist gesichert, da die Tiere nicht lange nach einem geeigneten Partner suchen müssen. Nicht zuletzt erfordert diese Lebensweise einen kommunikativen Austausch mit den Artgenossen. Und selbst bei unseren Haushühnern ist dieses Sozialverhalten noch stark ausgeprägt.

KLARE REGELN

Damit das Leben in der Großfamilie funktioniert, sind gewisse Strukturen nötig. Dazu zählt die sogenannte Rang- oder Hackordnung. Sie legt fest, welchen Platz ein Tier innerhalb der Gruppe einnimmt und welche Rechte und Aufgaben damit verbunden sind. Zu den Privilegien gehört eine führende Position in der Reihenfolge bei der Futteraufnahme oder der Höhe des Schlafplatzes, zu den Aufgaben das Beschützen der Gruppe. In der Regel bekleiden die dominantesten Tiere die obersten Ränge. Auch bestimmte Körpermerkmale, wie die Größe, das Federkleid und die Farbintensität des Kamms, spielen eine Rolle. Das mag auf den ersten Blick unfair erscheinen, doch die Natur hat das prima eingerichtet. Nur wenn die Besten die Gruppe anführen, ist das Überleben der Art langfristig gesichert.

Stolz, selbstbewusst und gebieterisch – die Ausstrahlung des attraktiven Hahns lässt keinen Zweifel aufkommen, wer der Herr in diesem Hühnerhof ist.

HIERARCHIE MIT BEWEGUNG

Die Hackordnung ist jedoch nicht auf ewig festgelegt. Sobald neue Hühner zu einer bestehenden Gruppe hinzukommen oder andere diese verlassen, werden die Karten neu gemischt. Die etablierte Hierarchie gerät ins Wanken. Jeder Neuankömmling hat das Recht, sich einen Platz in der Chefetage zu erobern. Ebenso können Alteingesessene ihre Chance nutzen. Auch Nachwuchs wirbelt die bestehende Ordnung durcheinander. Bereits eine Woche nach dem Schlupf beginnen die Küken, sich spielerisch miteinander zu messen. Mit Eintritt in die Pubertät gehen die Rangeleien in ernste Rangkämpfe über. Bei Hennen ist das mit etwa 10 bis 12 Wochen, bei Hähnen etwas später mit 12 bis 16 Wochen der Fall. Es kommt vor, dass sich Hennen gegen einen neu eingezogenen Artgenossen zusammenrotten, wodurch faire Einzelkämpfe verhindert werden. Bei der Vergesellschaftung von Hühnern sollte deshalb sehr umsichtig vorgegangen werden *(→ Seite 50–51)*.

SONDERSTATUS

Einige Hühner genießen einen Sonderstatus auf Zeit. Eine Glucke mit Küken darf sich ohne Konsequenzen am Futternapf vordrängeln, ebenso Senioren. Ältere Hennen stehen in der Hierarchie oft gleich hinter dem Hahn. Natürlich spielt auch hier das Aussehen eine Rolle. Ein Huhn mit kräftigem Körperbau, schickem Outfit und großem Kamm wird allseits bewundert und hat entsprechend mehr Einfluss auf die Gruppe. Damit kann ein gerupftes Huhn in der Mauser *(→ Seite 95)* nicht konkurrieren.

Kleine Unstimmigkeiten lassen sich meist mit einem kurzen Schnabelhieb klären. Treffen zwei dominante Hähne aufeinander, kann es aber auch zu einem gefährlichen Schlagabtausch kommen.

PRIVILEGIEN

Das ranghöchste Amt bekleidet meist der Hahn. Gibt es mehrere männliche Tiere in der Familie, hält der Stärkste und Schönste das Zepter in der Hand. Junghähne fungieren zunächst als Assistenten, werden aber schnell zum Herausforderer. Der Kampf um den Thron lohnt sich. Der Chef darf die besten Futterquellen nutzen, den höchsten Schlafplatz beziehen und sich mit den schönsten Hennen paaren. Dafür muss er für einen reich gedeckten Tisch sorgen, Streitigkeiten schlichten und die Beschützerrolle übernehmen. Ein cleverer Hahn delegiert natürlich auch und nutzt die einzelnen Stärken seiner Haremsmitglieder.

MACHTSPIELE

Tritt ein ranghohes Huhn an den Futternapf, hat das niedere Federvolk zu weichen. Auch das bevorzugte Nest kann zum Streitpunkt werden, wenn es schon anderweitig besetzt ist. Ein Untergebener wird mit einem heftigen Schnabelhieb in seine Schranken verwiesen. Er duckt sich ab und fügt sich ergeben in seine Stellung.

Oder er rebelliert, und es kommt zum Kräftemessen. Die Rivalen plustern sich auf und sträuben ihre Nackenfedern, um bedrohlicher zu wirken. Gibt keiner nach, springen sich die Streithähne gegenseitig an, sodass Hals und Brust zusammenprallen. Zugleich hacken sie unerbittlich aufeinander ein. Wer flüchtet, wird flügelschlagend verfolgt und neu gestellt. Gibt sich noch kein Kämpfer geschlagen, fliegen sogar irgendwann die Federn. Selbst die scharfen Krallen kommen zum Einsatz, und nicht selten fließt Blut. Vor allem die spitzen Sporne der Hähne erweisen sich als gefährliche Waffe. Doch keine Angst, ein Rangkampf ist heftig, aber nur von kurzer Dauer. Sobald sich der Schwächere abduckt, kehrt wieder Frieden ein. In einer stabilen Hierarchie kommt es nur selten zu aggressiven Auseinandersetzungen. Muckt ein Untertan auf, reichen meist Drohgebärden, um ihn an seinen Platz zu verweisen.

MÄNNERSACHE

Hennen sind auch ohne männliches Oberhaupt fleißig und liefern regelmäßig ihre Eier ab. Die Geräuschkulisse ist ohne Hahn deutlich angenehmer. Dennoch spricht einiges für die Haremshaltung. Wägen Sie das Für und Wider sorgfältig ab!

DIE NATUR ALS VORBILD

Eine artgerechte Haltung orientiert sich immer an der Lebensweise in freier Natur. Die wilden Kammhühner gehören zu den Herdentieren und leben in großen Gruppen von 16 bis 40 Tieren zusammen. Je nach Anzahl der Hennen werden sie von einem oder mehreren Hähnen angeführt. Die Haremshaltung ist also die ideale Haltungsform für unsere Hühner. Mindestens fünf bis sechs Hennen sollten es aber schon sein. Weniger Damen werden zu häufig vom Hahn beglückt, was zu Stress und körperlichen Beeinträchtigungen führen kann. Bei mehr als 15 Hennen können Sie über einen zweiten Hahn nachdenken.

ENGAGIERTER BODYGUARD

Ein erfahrener Hahn nimmt in der Hühnerherde die Beschützerrolle ein und hat immer ein wachsames Auge auf seinen Harem. Haben sich die Hennen zu weit entfernt, ruft er sie vorsorglich zusammen. Droht Gefahr durch einen Fressfeind, stößt er einen lauten Warnruf aus und vereitelt so den Überraschungsangriff. Oft wird der Eindringling dadurch schon vertrieben. Doch ein guter Hahn ist auch bereit, seine Hennen im Kampf zu verteidigen.

NACHWUCHS OHNE HAHN

Haben Sie sich gegen einen Hahn entschieden, müssen Sie dennoch nicht auf Nachwuchsfreuden verzichten. Auf den Bruttrieb der Hennen hat das Fehlen eines männlichen Huhnes keinen Einfluss. Setzt sich eine Henne zum Brüten, können Sie die unbefruchteten Eier einfach gegen befruchtete austauschen. Andere Hühnerhalter helfen Ihnen sicher gerne aus. Eine Alternative sind Bruteier aus dem Internet.

DIPLOMAT UND GENTLEMAN

Ein guter Hahn sorgt für Ordnung auf dem Hühnerhof. Die Damen können untereinander ziemlich zickig sein. Treiben sie es zu bunt, greift der Hahn schlichtend ein. Zudem erweist er sich als perfekter Kavalier. Er erkundet neue Futterplätze und ruft die Hennen zu Tisch, hilft bei der Nestsuche und geleitet sie nach der Eiablage zurück zur Herde.

GUTER FACHLEHRER

Nach dem Tretakt *(→ Seite 131–132)* geht der Hahn seiner Wege. Für das Ausbrüten und die Aufzucht der Küken ist allein die Glucke zuständig. Nur die männlichen Junghühner erhalten später vom Hahn noch eine Zusatzausbildung. Er erklärt ihnen alles über die Rechte und Pflichten eines Oberhaupts und macht sie mit dem Balzverhalten, dem Konkurrenzdenken und der Beschützerrolle vertraut.

LAUTSTARKER WECKRUF

Der morgendliche Weckruf gehört zum Berufsbild eines Hahns. Nicht immer zur Freude der Nachbarn! Informieren Sie sich vorab bei der Gemeinde- oder Stadtverwaltung, ob die Haltung eines Hahns in Ihrer Wohngegend überhaupt erlaubt ist. Bevor Sie einen Streit riskieren, sollten Sie sich auf eine reine Hennenhaltung beschränken.

GRUNDKURS HÜHNERLATEIN

LAUT- UND KÖRPERSPRACHE

Gackern, Kratzen, Flügelklatschen – Hühner sind ein gesprächiges Völkchen, das bei der Kommunikation alle Register zieht. Neben der Verständigung durch Laute zeigen sie auch vollen Körpereinsatz. Ausgebildete Hühner-Dolmetscher gibt es leider nicht, doch engagierte Halter verstehen ihr liebes Federvieh auch so.

GACKERN FÜR ANFÄNGER

Wer einmal dem wilden Spektakel einer Hühnerschar gelauscht hat, wird nicht länger daran zweifeln, dass die Vögel viel zu erzählen haben. Dabei bedienen sie sich einer sehr komplexen Sprache. Ob Rangstreitigkeiten, Futtersuche oder Gefahr im Verzug – Experten unterscheiden 25 und mehr verschiedene Lautäußerungen, die allesamt ihre besondere Bedeutung haben. Sogar Küken kommunizieren mit ihren Müttern schon aus dem Ei heraus. Natürlich hat jedes Huhn seinen ganz eigenen Dialekt, doch wer sein Federvieh genau beobachtet und gut hinhört, hat die wichtigsten »Vokabeln« des Hühnerlateins schnell begriffen.

Ein Hahn mit aufgeplusterter Halskrause. Manchmal genügen eindrucksvolle Drohgebärden, um Rivalen klar in ihre Schranken zu verweisen.

HENNEN UNTER SICH

- ***Gefahr im Verzug:*** Die Angstrufe sind eindeutig. Die kurzen und gellenden Schreie versetzen auch so manchen Halter in Panik, denn dann bedroht ein Jäger die Hühnerschar. Ist die Gefahr vorüber, hört man schon bald wieder ein rhythmisches Gackern. Bei internen Streitigkeiten ertönt der sogenannte Hackaufschrei, ein einsilbiges »Gak«.
- ***Der Eiergesang:*** Vor der Eiablage ertönt ein unregelmäßig gedehntes Gackern. Danach lässt die Henne das typische Legegackern mit lang gezogenem, hohem Abschlussakkord ertönen. Das heißt: »Seht mal, ich habe ein Ei gelegt. Jetzt komme ich wieder zu euch. Wo seid ihr?« Eine Henne in Brutstimmung äußert weiche, kurze Glucklaute.

MUTTER-KIND-GESPRÄCHE

Die Küken sind in der Lage, die Lautäußerungen ihrer Mutter aus den »Gesprächen« der anderen Hennen herauszufiltern. Auch sie kann die Warn- und Angsttriller ihres Nachwuchses von denen anderer Küken unterscheiden.

Das lautstarke Krähen gehört zum Hahn wie das Eierlegen zur Henne. Diese natürliche Verhaltensweise ist nicht zu unterdrücken, auch wenn sie nicht alle erfreut.

- ***Ich komme:*** Die Kommunikation zwischen Glucke und Küken beginnt ungefähr 24 Stunden vor dem Schlupf. Lang gezogene, sehr hohe Töne kündigen an, dass sich das Küken langsam auf den Weg nach draußen macht. Die Mutter antwortet beruhigend mit tiefen Glucklauten.
- ***Wo bist du?*** Ein lautes und langes Piepen zeigt an, dass sich ein Küken verlaufen hat. Mit schnellen, fortlaufenden Glucklauten weist die Mutter ihm den Weg zurück.
- ***Futter in Sicht:*** Lange, tiefe Töne verheißen Leckeres.
- ***Ab unters Gefieder:*** Werden die tiefen Locktöne von kurzen, hohen Tönen unterbrochen, dürfen die Kleinen bei der Mutter unter das wärmende Gefieder schlüpfen.

CHEFSACHE

Auch das männliche Oberhaupt der Hühnerschar erhebt seine Stimme zu ganz unterschiedlichen Zwecken.

- ***Ich bin der Chef:*** Mit lautem Krähen gibt der Hahn seinen Standort bekannt und meldet Revieransprüche an.
- ***Kommt doch zu mir:*** Tagsüber lockt der Hahn seine Hennen mit »Tuck-Tuck« zum Nest, an einen Futterplatz oder versammelt die versprengte Herde um sich.
- ***Vorsicht:*** Ein aufgeregtes Krähen warnt vor Angreifern.
- ***Na, wie gefalle ich euch?*** Nicht zu vergessen das lautstarke Imponiergehabe. Ein bisschen Protzen muss sein ...

Auf Abwegen: Dieses vorwitzige Küken hat den Anschluss an seine Familie verloren und ruft nun ängstlich piepsend nach seiner Mutter und den Geschwistern.

KÖRPERSPRACHE

Eindrucksvolle Gesten unterstreichen die Lautsprache.

- ***Kratzfuß:*** Ist der Hahn in Paarungslaune, stolziert er mit leicht gesenktem Kopf um die auserwählte Henne herum. Dabei entfaltet er die Handschwingen des äußeren Flügels, sodass sie hörbar am Boden wetzen *(→ Seite 131)*.
- ***Flügelklatschen:*** Der Hahn schlägt seine Flügeldecken laut klatschend über dem Rücken zusammen. Oftmals folgt danach ein Krähen. Diese Geste drückt Selbstsicherheit aus.
- ***Flügelschwenken:*** Das Huhn kapituliert vor einem Ranghöheren, indem es wenige Male schwach mit den Flügeln winkt und sie dann eng an den Körper anlegt.
- ***Drohen:*** Damit werden Rangniedere an ihren Platz verwiesen. Der Hahn stellt sich seitlich zum Rivalen und hebt die äußere Schulter an, um größer zu wirken. Eine Henne hingegen richtet sich hoch auf und hebt die Flügel leicht an.

Unter den Flügeln der Glucke können die kälteempfindlichen Küken regelmäßig Wärme nachtanken, aber auch Schutz vor Sonne, Regen und Fressfeinden suchen.

VÖGEL MIT GESCHICHTE

EVOLUTION UND DOMESTIKATION

Wissen Sie, was ein Haushuhn und ein Tyrannosaurus rex gemeinsam haben? Die beiden Tierarten, die wohl unterschiedlicher nicht sein könnten, sind sehr eng miteinander verwandt. Kaum zu glauben, dass die Urahnen unserer sanftmütigen kleinen Gartenbewohner tonnenschwere und gefährliche Raubtiere waren.

TIPP

Ein Blick über den Zaun in das Reich der wilden Verwandtschaft verrät einiges über die Ansprüche und Bedürfnisse unserer Haushühner.

ERSTAUNLICHE WURZELN

Schon die anatomischen Beobachtungen an Skeletten ließen vermuten, dass der Dinosaurier Tyrannosaurus rex eng mit dem Haushuhn verwandt ist, sogar noch enger als mit Reptilien. Den Beweis dafür fanden Forscher eher zufällig. Im Jahr 2013 wurde in Montana ein T-rex-Knochen aufgefunden, der für den Transport im Hubschrauber schlichtweg zu groß war und deshalb zerteilt wurde. Im Knocheninneren entdeckte man Blutgefäße, die dem Prozess der Versteinerung entgangen waren. Durch Protein-Analysen konnte ein Forscherteam der Harvard-Universität Rückschlüsse auf die genetischen Baupläne ziehen. Ein Vergleich mit lebenden Organismen, darunter Hühner und Reptilien, lieferte den endgültigen Verwandtschaftsbeweis. In Aussehen und Wesen ähneln unsere Haushühner den Dinos recht wenig. Nur ihre geschuppten Füße sind letzte Zeugen einer längst vergangenen Zeit. Doch eine Verhaltensweise verbindet die Tiere noch heute – das Eierlegen.

DSCHUNGELHÜHNER

Über den Zeitpunkt der Domestizierung von Wildhühnern gehen die Einschätzungen weit auseinander. Zum einen gibt es aus dieser Zeit noch keine schriftlichen Überlieferungen. Zum anderen sind die Knochen der Tiere äußerst fragil, und die stark verrotteten Funde haben nur wenig Aussagekraft. Der erste engere Kontakt zwischen Mensch und Huhn fand vermutlich schon 6000 Jahre v. Chr. im südostasiatischen Dschungel statt. Die Eier des Bankiva-Huhns, das noch heute dort lebt, bereicherten den Speiseplan der Menschen ebenso wie das wohlschmeckende Fleisch. Anfangs wurden die Tiere nur gejagt und ihre Nester ausgenommen. Doch auch das Aussehen und

Das Lafayettehuhn (Gelbes Kammhuhn) lebt noch heute auf der Insel Sri Lanka. Vermutlich lässt sich die Sprenkelzeichnung heutiger Haushuhnrassen auf diese Art zurückführen.

Auch das Bankiva-Huhn (Rotes Kammhuhn) ist noch in seiner südasiatischen Heimat anzutreffen. Das Erscheinungsbild des Hahns sorgte schon immer für Bewunderung.

Verhalten der Kammhühner faszinierten. Die Hähne wurden wegen ihres prachtvollen Gefieders und ihrer Rangkämpfe, die von Mut, Kraft und Ausdauer zeugten, bewundert. Die Hennen überraschten mit ihrer besonderen Fürsorge bei der Kükenaufzucht. Die Haustierwerdung erfolgte deshalb nicht nur aus kulinarischen, sondern auch aus kulturellen Gründen. Die Menschen zähmten Bankiva-Hühner und kreuzten sie mit anderen Kammhuhnarten, um erwünschte Merkmale wie Attraktivität und ausgeprägte Kampfeslust, aber auch eine hohe Legeleistung und einen guten Fleischansatz zu vereinen. Das Bankiva-Huhn ist also nicht der alleinige Vorfahre unserer Hühner. Schwedische Genforscher konnten die Abstammungstheorie von Darwin widerlegen. Demnach haben vermutlich auch das Sonnerathuhn, das Lafayettehuhn und das Gabelschwanzhuhn genetisches Material beigesteuert.

WELTENBUMMLER

Infolge der Domestizierung gelangten die Hühner weit über ihren ursprünglichen Lebensraum hinaus. Der genaue Verbreitungsweg ist bislang nicht bekannt. Verschiedene Knochenfunde, Aufzeichnungen und Darstellungen legen jedoch die Vermutung nahe, dass die Hühner bereits um 1500 v. Chr. über die Handelswege nach Ägypten kamen. Etwa 700 Jahre später erreichten sie den Mittelmeerraum und verbreiteten sich von Italien aus über ganz Europa.

In den antiken Kulturen wurden die exotischen Vögel hauptsächlich für rituelle Zwecke und Hahnenkämpfe eingesetzt. Auch heute noch haben sie Symbolcharakter, doch die Nutzung als Nahrungsmittel überwiegt. In Deutschland weisen Hühnerfossilien darauf hin, dass die Tiere bereits in der vorchristlichen Zeit, vermutlich von den Römern, übernommen und zu Nahrungszwecken genutzt wurden. Die damaligen Haltungsbedingungen ähnelten sehr dem natürlichen Lebensraum der wilden Vorfahren. Auf dem Land hatten die Tiere freien Auslauf, versorgten sich größtenteils selbst, wie auch das Brutgeschäft ohne menschlichen Einfluss erfolgte. Die sogenannten Landhühner wurden nicht gezielt miteinander verpaart oder gezüchtet.

RASSEZUCHT IM WANDEL DER ZEIT

Bereits im 18./19. Jahrhundert ging man zur intensiveren Zucht, verbunden mit Stallhaltung, über. Die alten Landhuhnrassen konnten den neuen Ansprüchen jedoch nicht gerecht werden. Deshalb importierte man Hühner aus anderen Ländern und versuchte, durch Kreuzungen Rassen mit höherem Nutzwert zu schaffen. Die planmäßige Rassezucht begann. Mit der Gründung des ersten Hühnervereins 1852 in Görlitz blühte die Hühnerhaltung für Liebhaber- und Rassegeflügelzüchter auf. Um 1900 wurde in Nordamerika die Kunstbrut eingeführt und eine Aufteilung der Hühner in Rasse- und Wirtschaftsgeflügel vorgenommen. In Deutschland verzögerte sich diese Entwicklung durch die Weltkriege. Erst in den 60er-Jahren des 20. Jh. ging man auch hier zur Intensivhaltung über, die in der noch heute üblichen Massentierhaltung endete. Parallel dazu erfuhr die Rassezucht einen neuen Aufschwung. Auch die Hobbyhaltung boomt. Immer mehr Menschen sind von den liebenswerten und pflegeleichten Vögeln begeistert und holen sich mit ihnen ein Stück idyllisches Landleben zurück.

HUHN IM RECHT

WAS HÜHNERHALTER WISSEN MÜSSEN

HÜHNER GELTEN ALS LEBENSMITTEL-LIEFERNDE TIERE. DAHER IST IHRE HALTUNG GESETZLICHEN REGELUNGEN UNTERWORFEN, DIE AUCH DER HOBBY-HALTER BERÜCKSICHTIGEN MUSS.

DR. MICHAEL HAIMERL ist promovierter Tierarzt. Als Amtstierarzt im Landkreis Kelheim ist er überwiegend für Tierschutz und Tierarzneimittel zuständig. Zudem ist Dr. Haimerl Mitglied im Fachausschuss Tierschutz in Bayern. Im Rahmen seiner Überwachungstätigkeit werden u.a. Hühnerbestände aller Größen auf tierschutz- und tierseuchengerechte Haltung überprüft.

Herr Dr. Haimerl, welche rechtlichen Vorgaben bestehen grundsätzlich zur Haltung von Hühnern?

Michael Haimerl: Zum einen gibt es das ***Tierschutzrecht***. Dabei wird im Tierschutzgesetz (TSchG) allgemein verlangt, dass wer ein Tier hält oder betreut, das Tier entsprechend seiner Art und seinen Bedürfnissen ernähren, pflegen und verhaltensgerecht unterbringen muss. In der Tierschutz-Nutztierhaltung-Verordnung (TierSchNutztV) sind die Mindeststandards für die Haltung von Legehennen und Masthühnern näher konkretisiert.

Ein anderer großer Bereich ist das ***Tierseuchenrecht*** mit dem Tiergesundheitsgesetz (TierGesG). Dieses Gesetz regelt die Vorbeugung vor Tierseuchen und deren Bekämpfung. So muss z.B. jeder, der Hühner hält, dafür Sorge tragen, dass Tierseuchen weder in seinen Bestand eingeschleppt noch aus seinem Bestand verschleppt werden.

Ein weiterer Rechtsbereich ist das ***Arzneimittelrecht***. Dabei wird im Arzneimittelgesetz (AMG) und in der Tierhalter-Arzneimittelanwendungs- und Nachweisverordnung (THAMNV) geregelt, wie Arzneimittel anzuwenden sind und wie die Anwendung zu dokumentieren ist.

Stichwort Tierseuche – was ist rechtlich gesehen eine Tierseuche, und welche gibt es bei Hühnern?

Michael Haimerl: Eine Tierseuche ist eine Infektion oder Krankheit, die von einem Erreger unmittelbar oder mittelbar verursacht wird, die bei Tieren auftritt und auch auf Tiere oder auf Menschen (Zoonosen) übertragen werden kann. Dabei hat der Staat ein Interesse, diese Seuche zu tilgen, sei es aus gesundheitlichen oder aus volkswirtschaftlichen Gründen. Zu den anzeigepflichtigen Tierseuchen bei Hühnern zählen z.B. die Geflügelpest bzw. Vogelgrippe *(→ Seite 110)* oder die Newcastle Disease *(→ Seite 104)*. Bricht so eine Tierseuche aus oder besteht der Verdacht, so muss der Halter der betroffenen Tiere dies unverzüglich der zuständigen Behörde anzeigen. Dann gibt es noch die

Ohne Ausnahme – bei Stallhaltungspflicht dürfen auch Hühner aus Hobbyhaltung nicht ins Freie.

meldepflichtigen Krankheiten wie die Mareksche Krankheit (→ *Seite 110*), die Infektiöse Laryngotracheitis oder eine Infektion mit bestimmten Salmonellen. Diese unterliegen keinen staatlichen Bekämpfungsmaßnahmen, müssen jedoch dem Veterinäramt gemeldet werden.

⋙ Muss ich als Hobbyhalter von vier bis fünf Hühnern meine Tiere überhaupt behördlich anmelden?

Michael Haimerl: Jeder Halter von Hühnern muss seinen Tierbestand (unabhängig von der Bestandsgröße) beim zuständigen Veterinäramt registrieren lassen. Dabei ist der Name, die Adresse, der Standort, die Art und die Anzahl der gehaltenen Tiere und die Betriebsnummer anzugeben. Dies kann telefonisch oder besser schriftlich (per E-Mail, Post oder per Fax) erfolgen. Meist haben die Veterinärämter spezielle Formulare dafür. Außerdem hat sich der Tierhalter beim zuständigen Amt für Ernährung, Landwirtschaft und Forsten anzumelden. Hier teilt man ihm eine Betriebsnummer zu und nimmt ihn in der HI-Tier-Datenbank auf. Auch bei der zuständigen Tierseuchenkasse muss sich der Hühnerhalter registrieren lassen.

⋙ Oft besteht Unklarheit bezüglich der Nachweispflicht. Was muss ich als Hühnerhalter dokumentieren?

Michael Haimerl: Nach der Geflügelpest-Verordnung muss jeder, der Geflügel hält, ein Register führen. Hier sind Neuzugänge und Abgänge von Tieren, der Name des Vorbesitzers oder künftigen Tierhalters und ggf. Name und Anschrift des Transportunternehmens einzutragen, bei mehr als 100 Hühnern auch die Anzahl der verendeten Tiere je Werktag. Meist gibt es im Veterinäramt Vordrucke für das Register, es kann aber auch elektronisch geführt werden. Die Dokumentation ist deswegen so wichtig, damit die Veterinärbehörde im Seuchenfall einen schnellen Überblick erhält, woher die Tiere gekommen und wohin sie gegangen sind. Zudem müssen Nachweise über tierärztliche Behandlungen, den Erwerb und die Anwendung von apotheken- oder verschreibungspflichtigen Tierarzneimitteln geführt werden. So muss z. B. eine vom Tierhalter durchgeführte Entwurmung mit einem apothekenpflichtigen Wurmmittel mit Angabe der Anzahl, Art und Identität der behandelten Tiere, ggf. deren Unterbringungsort, die Bezeichnung des angewendeten Arzneimittels, die Beleg-Nummer des Tierarztes, die verabreichte Menge, das Datum der Anwendung, die Wartezeit in Tagen und der Name der anwendenden Person aufgeführt werden.

Zusätzliche Infos zur Geflügelhaltung in Deutschland gibt's unter www.bmel.de/DE/Tier/Nutztierhaltung/Gefluegel/gefluegel_node.html

⋙ Darf ein Hobbyhalter Eier abgeben oder verkaufen?

Michael Haimerl: Die Eier dürfen nur aus eigener Erzeugung sein und nur ohne Sortierung nach Güte- und Gewichtsklasse abgegeben werden. Die Eier müssen unmittelbar nach dem Legen bis zur Abgabe an den Verbraucher sauber, trocken, frei von Fremdgeruch gelagert und vor Stößen und Sonneneinstrahlung geschützt werden. Nach dem Legen haben die Eier ein Mindesthaltbarkeitsdatum von 28 Tagen. Schmutz-, Knick- oder Brucheier dürfen nicht abgegeben werden. Ab dem 18. Tag nach dem Legen sind die Eier bei einer Temperatur von 5 °C bis 8 °C zu lagern. Ab dem 21. Tag nach dem Legen ist es nicht mehr erlaubt, die Eier zu verkaufen. Eierverpackungen aus Karton dürfen nicht wieder verwendet werden.

Auch bei einer großzügigen Unterkunft mit Scharrraum ist die Freude groß, wenn die Tür zum Auslauf wieder freigegeben ist.

GRÜNES LICHT

FÜR DIE EIGENE HÜHNERSCHAR

Verliebt hat man sich schnell. Oft kann man es gar nicht mehr erwarten, die neuen Gartenbewohner nach Hause zu holen. Doch welche Hühner passen am besten zu Ihren persönlichen Lebensumständen? Auf welche Kriterien sollten Sie bei der Auswahl unbedingt achten? Nicht jede Rasse ist für Neulinge in der Hühnerhaltung geeignet.

RECHT UND GESETZ

Die Hühnerhaltung ist nicht schwer, bedarf aber einer guten Vorbereitung. Im Gegensatz zu Hund und Katze gelten Hühner nicht als Haustiere, sondern als landwirtschaftliche Nutztiere. Dabei spielt es rechtlich keine Rolle, ob tatsächlich eine gewerbliche Nutzung erfolgt oder die Hühnerschar nur als Hobby gehalten wird. Die neuen Mitbewohner benötigen also nicht nur das Einverständnis von Familie, Lebenspartner oder WG-Mitgliedern.

- ***Miet- und Nachbarrecht:*** Ist der Garten nicht Ihr Eigentum, sollten Sie vorab unbedingt die Erlaubnis des Vermieters einholen. Das gilt auch für Kleingartenanlagen, in denen die Haltung von Hühnern oftmals durch die Satzung des Vereins ausgeschlossen ist. In städtischen Wohngebieten lassen sich Konflikte und Streitigkeiten oft von vornherein vermeiden, wenn auch die Nachbarn frühzeitig in die Projektplanung eingeweiht werden. Die Aussicht auf Eier von glücklichen Hühnern wirkt manchmal Wunder.
- ***Baurecht:*** Vermeiden Sie Ärger und Zusatzkosten, indem Sie sich schon vor der Planung Ihres Hühnerdomizils bei der zuständigen Baubehörde erkundigen, ob eine Baugenehmigung nötig ist und welche Richtlinien einzuhalten sind. Mobile Ställe sind oftmals genehmigungsfrei.
- ***Meldepflicht:*** Besitzer von landwirtschaftlichen Nutztieren und damit auch von Hühnern sind ab dem ersten Tag der Haltung und ab dem ersten Tier verpflichtet, Meldung bei der Tierseuchenkasse des jeweiligen Bundeslandes und dem zuständigen Veterinäramt zu erstatten *(→ Seite 28)*.
- ***Impfpflicht:*** Generell besteht für jeden Hühnerhalter eine vom Gesetzgeber vorgeschriebene Impfpflicht gegen die Newcastle Disease *(→ Seite 104)*. Über die durchgeführten Impfungen hat der Besitzer Nachweise zu führen.

Diese farbenprächtigen Zwerghühner sind ein echter Blickfang im Garten. Ein trockener und gut gepflegter Boden im Stall und Auslauf ist für die federfüßigen Tiere natürlich ideal.

KEIN SINGLE-DASEIN

Hühner sind von Natur aus Herdentiere *(→ Seite 23)*. Einzelhaft bedeutet enormen Stress für die Vögel und kann zu Depressionen führen. Damit sich Ihre neuen Gartenbewohner bei Ihnen rundum wohlfühlen, sollten Sie sich deshalb mindestens zwei Hennen, besser noch eine kleine Gruppe anschaffen. Die Paarhaltung von Hahn und Henne ist ungeeignet *(→ Seite 23)*. Ein Hahn braucht seinen Harem, aber die Hennen kommen auch ganz gut ohne ein männliches Oberhaupt aus. Doch neben der Vaterrolle glänzt der Hahn noch mit anderen Vorzügen!

TIPP

HÜHNERSITTER

Einige Tierpensionen nehmen auch Hühner auf, doch die Vögel bleiben im Urlaub am liebsten in ihren eigenen vier Wänden. Ein Umzug bedeutet immer Stress und ist ab einer bestimmten Anzahl an Tieren auch nicht mehr zu realisieren. Sehen Sie sich deshalb rechtzeitig nach einer geeigneten Betreuung um. Vielleicht übernimmt ein netter Nachbar die grundlegende Versorgung der Hühner, wenn er sich dafür aus den Legenestern bedienen darf!

Ausschließlich im Streifenlook zeigt sich diese anspruchslose Rasse. Zwerg-Amrocks brauchen relativ wenig Platz und sind für Neulinge in der Hühnerhaltung bestens geeignet.

DIE QUAL DER WAHL

Die Vielfalt an Hühnern ist enorm, und als Anfänger ist man schnell überfordert. Doch örtliche Gegebenheiten und spezielle Wünsche grenzen die Suche ein. Denken Sie darüber nach, was Sie von Ihren Tieren erwarten:

- Legen Sie Wert auf die Legeleistung?
- Möchten Sie auch im Winter genügend Eier?
- Brauchen Sie Tiere mit weniger Platzbedarf?
- Bevorzugen Sie lebhafte oder eher ruhige Hühner?
- Fliegen erlaubt? Oder doch besser bodenständig?
- Spielt das Aussehen der Hühner für Sie eine große Rolle?
- Wie viel Geld möchten Sie in den Kauf investieren?

BERUFSBILDER IM VERGLEICH

Je nach Nutzungszweck werden die Hühner in verschiedene Kategorien eingeteilt. Die einzelnen Rassen unterscheiden sich nicht nur in ihren Körpermerkmalen, sondern auch in ihren Verhaltensweisen und Ansprüchen, was Sie bei der Auswahl einbeziehen sollten. Natürlich können Sie Ihre Hühnerschar auch aus Vertretern unterschiedlicher Rassen zusammenstellen. Dann haben Sie nicht nur viele Farbtupfer im Garten, sondern auch ein ganzjährig gefülltes und bunt gefärbtes Nest. Doch kombinieren Sie dabei die Charaktere der einzelnen Hühnerrassen klug. Anhaltender Unfrieden auf dem Hühnerhof verursacht Stress, der sich negativ auf die Gesundheit der Tiere auswirken kann.

Legerassen

Diese Hühnerrassen sind auf eine hohe Legeleistung spezialisiert und deshalb meist leichter als Fleisch- oder Zwiehühner. Die Tiere haben ein enormes Bewegungsbedürfnis und brauchen deshalb einen großen Auslauf, in dem sie sich zu einem Großteil selbst versorgen. Auch ihre Flugkünste sind beachtlich. Eine hohe Umzäunung oder eine Netzabdeckung vereiteln die Flucht zum Nachbarn. Legehühner sind zwar von Natur aus sehr lebhaft, aber auch scheu und misstrauisch. Es erfordert ein wenig Einfühlungsvermögen und Geduld, bis Ihnen die Hühner vertrauen. Um den Bruttrieb ist es bei Legerassen weniger gut bestellt. Wenn Sie keinen Nachwuchs, aber viele Eier möchten, sind Legerassen für Sie ideal.

Fleischrassen

Da sie auf Fleischmasse gezüchtet wurden, sind diese Hühner deutlich größer und schwerer als ihre legetüchtigen Verwandten. Aufgrund ihres Gewichts bewegen sie sich eher gemächlich und zeigen auch keine großen Flugambitionen. Eine niedrige Umzäunung des Auslaufs reicht hier meist aus. Als Hobbyhalter werden Sie Ihre Tiere vermutlich nicht in der Pfanne sehen wollen, trotzdem sollten Sie Fleischrassen nicht sofort von Ihrer Auswahlliste streichen. Was halten Ihre Nachbarn von der Neuanschaffung? Ist für sie ein spontaner Hühnerbesuch im eigenen Garten eher witzig oder ein Ärgernis? In letzterem Fall sind schwere Rassen mit Bodenhaftung besser. Sie eignen sich auch prima als Familienhühner, denn sie zeigen sich nicht nur untereinander sehr verträglich, sondern sind dem Halter gegenüber aufgeschlossen und werden rasch zahm. Trotz ihrer Größe kommen Kinder gut mit ihnen klar. Auch in Sachen Nachwuchs liegen Sie mit diesen Hühnern richtig. Sie zeichnen sich durch einen zuverlässigen Bruttrieb aus und erfüllen ihre Mutterpflichten mit Sorgfalt.

Zwiehuhnrassen

Diese mittelschweren Hühner sind Doppelnutzungstiere und damit echte Allround-Talente. Sie erreichen zwar nicht die Lege- und Fleischleistung der Einnutzungstiere, vereinen aber deren Vorzüge. So verfügen die Zwiehühner über einen guten Fleischansatz, legen aber auch bis zu 200 Eier im Jahr. Zudem sind die Tiere sehr robust und friedlich und freunden sich rasch mit ihrem Halter an.

SCHON GEWUSST?

LEBENSMITTELRECHT

Ihre fleißige Hühnerschar liefert mehr Eier, als Sie und Ihre Familie verwerten können? Bevor Sie Freunde und Nachbarn damit versorgen, sollten Sie einen Blick in die Lebensmittelhygieneverordnung werfen. Für die Vermarktung von Eiern auf Wochenmärkten gelten gesonderte Vorschriften. Hier ist die Kennzeichnung mit einem Erzeugercode nötig!

ALLES GEKLÄRT?

1 **Gesundheitscheck:** Können Sie allergische Reaktionen auf Hühner (Gefiederstaub), Einstreu und Futtermittel bei allen Familienmitgliedern sicher ausschließen?

2 **Zeitfaktor:** Können Sie genügend Zeit erübrigen, um sich in den nächsten Jahren gut um die Hühner zu kümmern?

3 **Freiraum:** Sind Sie bereit, zumindest einen Teil Ihres Gartens zu opfern, damit die Hühner viel Auslauf haben und sich wohlfühlen?

4 **Kostenfaktor:** Können und wollen Sie alle Kosten tragen, die bei der Haltung anfallen?

5 **Prioritäten:** Sind Sie bereit, auf spontane Reisen zu verzichten, wenn sich kurzfristig kein Betreuer für Ihre Hühner findet?

6 **Passion:** Werden Sie alles tun, um die Bedürfnisse Ihrer Hühner zu erfüllen und um ihre Sicherheit zu gewährleisten?

WENN SIE ALLE FRAGEN MIT »JA« BEANTWORTEN KÖNNEN, STEHT DER HÜHNERHALTUNG NICHTS MEHR IM WEGE.

Hühner sind keine einmalige Anschaffung, sondern können über viele Jahre Freude machen – vorausgesetzt, Sie sind bereit, Ihnen die notwendige Zeit und Fürsorge zu widmen.

Zwerghühner

Sie haben nur wenig Platz? Dann sind Zwerghühner die richtige Wahl, denn aufgrund ihrer Größe brauchen sie deutlich weniger Stall- und Auslauffläche als andere Rassen. Man unterscheidet zwischen den echten Zwerghühnern (Urzwerge) und den von Großhühnern abgeleiteten Zwergen (Verzwergte). Die possierlichen Tiere werden oft nur zur Zierde gehalten, doch Zwerge sind auch gute Brüter und haben eine befriedigende Legeleistung.

Zierrassen

Die Vertreter dieser Rassen glänzen nicht mit gutem Fleischansatz oder hoher Legeleistung. Bei ihnen steht allein das spektakuläre Aussehen im Vordergrund. Früher waren die exotisch anmutenden Vögel ein Statussymbol für großen Reichtum. Heute haben die Liebhaber einfach Spaß an dem aparten Outfit und messen sich gern mit Gleichgesinnten auf Ausstellungen. Natürlich legen die Hühner auch Eier, die verzehrt werden können. Ihre Haltung ist jedoch sehr aufwendig und für Anfänger nicht ratsam.

Kämpferrassen

Kampfhühner stammen aus Asien und wurden ursprünglich für Hahnenkämpfe gezüchtet. Entsprechend groß ist ihr Selbstbewusstsein. Sie vertragen sich mit anderen Rassen nicht besonders gut, und selbst in den eigenen Reihen kann es zu Auseinandersetzungen kommen. Ihrem Halter gegenüber zeigen sich die Tiere zwar erstaunlich zutraulich, trotzdem sind sie für Anfänger nicht geeignet. Kampfhühner haben besondere Ansprüche und gehören in die Hände eines erfahrenen Halters. Die Legeleistung der Tiere ist gering, und sie sind nicht besonders flugfreudig. Liebhaber schätzen ihr einzigartiges Erscheinungsbild, den stark aufrechten Gang und die große Farbenvielfalt des Gefieders. Sie sind auf Ausstellungen ein wahrer Publikumsmagnet.

Auszeit vom hektischen Alltag. Inmitten der unterhaltsamen Hühnerschar kann man seine Sorgen vergessen, die Seele baumeln lassen und neue Kraft tanken.

Hybriden

Diese Hühner werden vorwiegend in der Geflügelindustrie eingesetzt. Es handelt sich dabei um Kreuzungen verschiedener Rassen, die durch konsequente Linien- und Inzucht optimiert wurden. Das Resultat sind extrem leistungsstarke Einheitshühner. Je nach Nutzungsart zeichnen sie sich durch einen überdurchschnittlich raschen Fleischansatz oder durch eine sehr hohe Legeleistung mit über 300 Eiern pro Jahr aus. In der Folgegeneration spalten sich die Erbanlagen wieder auf. Deshalb ist eine eigene Nachzucht von Hybriden nicht möglich. Für die Hobbyhaltung sollte man bedenken, dass die Tiere hier mit völlig anderen Haltungsbedingungen konfrontiert werden. Dadurch können sie ihr genetisches Potenzial nicht voll ausschöpfen. Auch die Lebenserwartung ist niedriger als die von Rassehühnern. Dafür sind Hybriden sehr zahm und anhänglich.

DIE ENGERE WAHL

Sie haben sich für eine bestimmte Nutzungskategorie entschieden? Trotzdem stehen noch zahlreiche Hühnerrassen auf dem Plan. Ein weiteres Auswahlkriterium ist z. B. die Eierfarbe. Sie beeinflusst nicht den Geschmack des Eies, aber befriedigt das Auge. Anhand der verschiedenen Farben lässt sich auch gut ablesen, welche Henne besonders legeaktiv ist und welche einen Urlaubstag eingelegt hat. Wenn Sie Ihre Hühnerschar mit Winterlegern bereichern, haben Sie das ganze Jahr über Ihr tägliches Frühstücksei. Wohnen Sie in einem Schneegebiet, ist eine kälteresistente Rasse zu empfehlen. Diese Hühner haben kleinere Kopfanhänge, die weniger Angriffsfläche für Erfrierungen bieten.

STEP BY STEP

ALLES IM GRIFF

Es wird immer wieder Situationen geben, in denen ein Huhn hochgenommen und sicher gehalten werden muss. Ein fachgerechtes Handling und ein gutes Einfühlungsvermögen halten den Stress in Grenzen und bewahren Mensch und Tier vor Verletzungen.

Gesundheitschecks und Pflegemaßnahmen durch den Menschen sind auch bei Hühnern nicht allzu beliebt, aber leider unumgänglich. Nicht immer kann man bis zum Abend warten, um die Tiere zur Nachtruhe einfach von der Stange zu nehmen. Vielleicht muss eine offene Wunde sofort versorgt oder ein Medikament zu einer bestimmten Zeit verabreicht werden. Auch für den Gang zum Tierarzt müssen Sie die Hühner behutsam einfangen und in die Transportkiste setzen. Deshalb sollten Sie vom ersten Tag an versuchen, eine gute Beziehung zu Ihrem Federvieh aufzubauen. Das erspart beiden Seiten Stress! Zutrauliche Tiere kann man nicht nur gut anlocken, sondern auch ohne große Probleme hochnehmen und tragen. Bei scheuen Tieren sind Einfühlungsvermögen und Geduld gefragt.

Wenn sich das Huhn schließlich eingelebt hat und Ihnen vertraut, dann können Sie es auch problemlos mit einer Hand fixieren.

1

Locken Sie das Huhn mit einer Leckerei an. Fixieren Sie es am Boden, indem Sie mit der Hand sanft auf seinen Rücken drücken.

2

Umschließen Sie den Körper des Huhns mit beiden Händen. Heben Sie es langsam hoch und nehmen Sie es seitlich vor den Oberkörper.

3

Eine Hand liegt auf dem äußeren Flügel. Die andere fixiert die Beine, indem Sie den Mittelfinger zwischen die Beine schieben und diese mit Zeige- und Ringfinger von außen umfassen.

HÜHNERRASSEN

FÜR JEDEN GESCHMACK ETWAS

Ob klein oder groß, ob Kampfhuhn oder Schmuckhuhn, ob agile und eher zurückhaltende Legerasse oder gemütliche und zutrauliche Fleischrasse – die hier vorgestellten Rassen sind nur eine kleine Auswahl aus der bunten Welt der Hühner. Aber eine feine!

ASIL

EIGENSCHAFTEN: Herkunft Indien; Gewicht 2–2,5 kg (Hahn) bzw. 1,5–2 kg (Henne); in vielen Farben (z. B. fasanenbraun, rot gesattelt); etwa 60 cremefarbene bis bräunliche Eier (ca. 40 g)

HALTUNG/VERHALTEN: guter Flieger, doch kaum Flugambition; sehr mutig, schnell, kampflustig; Paarhaltung oder als kleine Gruppe, da auch die Hennen streitlustig sind; für Anfänger weniger geeignet; dem Halter gegenüber zahm

BESONDERHEITEN: uralte Kampfhuhnrasse mit knappem Gefieder und aufgerichteter Haltung; Ausstellungsrasse

JERSEY GIANT

EIGENSCHAFTEN: Herkunft USA; Gewicht 4,5–5,5 kg (Hahn) bzw. 3,6 bis 4,5 kg (Henne); nur in den Farben Schwarz, Weiß, blau gesäumt; etwa 180 cremefarbene bis braune Eier (bis 65 g)

HALTUNG/VERHALTEN: braucht durch seine Größe deutlich mehr Stall- und Scharrraum; robust, wetterfest; gemütlich, ruhig, wird mit etwas Geduld zutraulich

BESONDERHEITEN: sehr schwere Rasse; braucht viel Futter; wächst nur langsam; Zwergform nur in den USA

ORPINGTON

EIGENSCHAFTEN: Herkunft England; Gewicht 4,0–4,5 kg (Hahn) bzw. 3,0 bis 3,5 kg (Henne); in vielen Farben (z. B. birkenfarbig, weiß); etwa 180 cremefarbene bis hellbraune Eier (ca. 53 g)

HALTUNG/VERHALTEN: braucht durch seine Größe deutlich mehr Stall- und Scharrraum; begnügt sich im Auslauf mit einem kleinen Aktionsradius; sehr niedriger Zaun (1 m Höhe) genügt; ruhig und gemütlich; neugierig, anhänglich, fasst rasch Vertrauen zum Halter

BESONDERHEITEN: schnellwüchsig; reich befiedert; guter Winterleger

SUSSEX

EIGENSCHAFTEN: Herkunft England; Gewicht 3–4 kg (Hahn) bzw. 2,5–3 kg (Henne); in sechs Farben (weiß-schwarzcolumbia, gelb-schwarzcolumbia, rot-schwarzcolumbia, wildbraun, grausilber, braun-porzellanfarbig); etwa 180 gelbe bis hellbraune Eier (ca. 60 g)

HALTUNG/VERHALTEN: absolut unkompliziert; sehr robust und überaus kälteresistent; relativ standorttreu, doch ist ein großer Auslauf erwünscht; kaum Flugambition, Zaun bis 1,30 m Höhe reicht aus; aktiv, neugierig; friedlich, sehr umgänglich, wird rasch zahm

BESONDERHEITEN: sehr frohwüchsig und frühreif; guter Winterleger; weithin verbreitetes Ausstellungshuhn; gerade auch für Anfänger prima geeignet

VORWERK-HUHN

EIGENSCHAFTEN: Herkunft Deutschland; Gewicht 2,5–3 kg (Hahn) bzw. 2–2,5 kg (Henne); Rassemerkmal ist das tief goldgelbe Rumpfgefieder mit schwarzem Halsbehang, keine weiteren Farben; etwa 170 weißgelbe Eier (ca. 55 g)

HALTUNG/VERHALTEN: robust und widerstandsfähig; bei großem Auslauf sehr guter Selbstversorger, daher sparsam im Futter; aktiv und lebhaft; dem Halter gegenüber eher distanziert

BESONDERHEITEN: Bruttrieb ist selten, aber nicht ausgeschlossen; überaus angenehmes Farb- und Zeichnungsbild

SEIDEN-HUHN

EIGENSCHAFTEN: Herkunft Ostasien; Gewicht 1,4–1,7 kg (Hahn) bzw. 1,1 bis 1,4 kg (Henne); mehrere Farben (perlgrau, rot); ca. 80 hellbraune Eier (ca. 40 g)

HALTUNG/VERHALTEN: braucht aufgrund seines ungewöhnlichen Gefieders einen trockenen Stall- und Auslaufboden; ansonsten robust und widerstandsfähig; sanftmütig, rasch zutraulich

BESONDERHEITEN: fünf Zehen; bläuliche Haut; Kopf mit Schopf, mit oder ohne Bart; fellartiges Gefieder; brauchen niedrige Sitzstangen oder Aufstiegshilfe; schlafen auch am Boden

FLUGAMBITIONEN — GUTE BRÜTER

AUCH ALS ZWERGFORM — BESONDERE ANFORDERUNG (AN HALTER)

LEGHORN

EIGENSCHAFTEN: Herkunft USA; Gewicht 2–2,7 kg (Hahn) bzw. 1,–2,2 kg (Henne); ausschließlich in Reinweiß, es gibt noch andere Farbschläge (z. B. blau, porzellanfarbig, columbia, silberfarbig), die aber nicht anerkannt sind; etwa 200 weiße Eier (ca. 55–60 g); über mehrere Jahre hohe Legeleistung

HALTUNG/VERHALTEN: robust, anspruchslos; gute Flieger, hoher Zaun nötig; bei großem Auslauf sehr guter Selbstversorger, daher sparsam im Futter; sehr lebhaft und wachsam; zutraulich, aber selten handzahm

BESONDERHEITEN: unterscheiden sich kaum von weißen Italienern

ITALIENER

EIGENSCHAFTEN: Herkunft Italien; Gewicht 2,25–3 kg (Hahn) bzw. 1,75 bis 2,5 kg (Henne); in zahlreichen Farben (z. B. orangefarbig, weiß, gelb, blau-weiß gescheckt, gold-schwarz gesäumt); etwa 190 weiße Eier (ca. 55 g)

HALTUNG/VERHALTEN: robust und anspruchslos; bei großem Auslauf sehr guter Selbstversorger, daher sparsam im Futter; entfernt sich weit vom Stall; hoher Zaun nötig; distanziert, kann aber mit Geduld zahm werden; etwas schreckhaft

BESONDERHEITEN: typisches Bauernhofhuhn; frühreif; guter Winterleger; Körperbau und -haltung erinnern stark an das Bankiva-Huhn; frohwüchsig

ARAUCANA

EIGENSCHAFTEN: Herkunft Südamerika; Gewicht 2–2,5 kg (Hahn) bzw. 1,6–2 kg (Henne); viele Farben (z. B. goldhalsig, schwarz-rot, blau-wildfarbig, silberhalsig, blau gesäumt, gesperbert); etwa 180 türkisfarbene Eier (ca. 50 g)

HALTUNG/VERHALTEN: anspruchslos, wetterfest und winterhart; bei großem Auslauf sehr guter Selbstversorger, daher sparsam im Futter; neugierig und aktiv; sehr verträglich und zahm

BESONDERHEITEN: Beiname Grünleger (aufgrund der Eierfarbe); schwanzlos (einige Schwanzwurzeln fehlen); frühreif; Federquasten (Bommeln) am Kopf und/oder Bart; Bart als Wind- und Wetterschutz; dass die Eier der Araucana-Hühner weniger Cholesterin enthalten, ließ sich wissenschaftlich nicht bestätigen

WESTFÄL. TOTLEGER

EIGENSCHAFTEN: Herkunft Deutschland; Gewicht 2–2,5 kg (Hahn) bzw. 1,5–2 kg (Henne); nur in Silber und Gold; etwa 180–220 weiße Eier (ca. 53 g)

HALTUNG/VERHALTEN: robust, wetterfest, anspruchslos; scharrfreudig; bei großem Auslauf sehr guter Selbstversorger, daher sparsam im Futter; sehr flugfreudig; entfernt sich weit vom Stall; lebhaft und scheu; sehr vorsichtig, kann mit Geduld zahm werden

BESONDERHEITEN: alte, deutsche Rasse; erhielt ihren Namen aufgrund der hohen Legeleistung; frohwüchsig; fast kein Brutinstinkt; wurde durch intensive Zucht vor dem Aussterben bewahrt

ZWERG-COCHIN

EIGENSCHAFTEN: Herkunft China; Gewicht 0,85 kg (Hahn) bzw. 0,75 kg (Henne); in zahlreichen Farben (z. B. gold-weizenfarbig, rot, perlgrau-gesperbert); etwa 80 braune Eier (ca. 35 g)

HALTUNG/VERHALTEN: braucht aufgrund seiner geringen Größe weniger Platz; die tiefe Stellung und die Fußbefiederung verlangen nach einem trockenen Stall und Auslauf; standorttreu; ruhig und gemütlich; untereinander sehr umgänglich; gegenüber dem Halter äußerst zahm

BESONDERHEITEN: eigenständige Rasse, keine Verzwergung der großen Cochins; Beiname: rollender Federball (aufgrund der rundlichen Körperform); Federkleid glattfiederig oder gelockt

BANTAM

EIGENSCHAFTEN: Herkunft Ostasien; Gewicht 0,6 kg (Hahn) bzw. 0,5 kg (Henne); in vielen Farben (z. B. gold- und silberhalsig, blau gesäumt); etwa 90 weiße bis cremefarbene Eier (ca. 28 g)

HALTUNG/VERHALTEN: robust, anspruchslos; sehr agil; entfernt sich weit vom Stall; guter Futtersucher; untereinander oft zänkisch, braucht deshalb viel Bewegungsfreiheit; verhält sich dem Halter gegenüber distanziert, kann aber mit etwas Geduld zahm werden

BESONDERHEITEN: Urzwerg mit kompaktem Körperbau und stark ausgeprägten, reinweiß glänzenden Ohrscheiben; gewölbte, nach unten getragene Flügel; Glucken kommen ab und zu vor

FLUGAMBITIONEN
GUTE BRÜTER
AUCH ALS ZWERGFORM
BESONDERE ANFORDERUNG (AN HALTER)

HÜHNER-SHOPPING

DIE BESTEN ADRESSEN FÜR DEN HÜHNERKAUF

Nach reiflicher Überlegung ist die Entscheidung für Hühner gefallen und die Vorfreude groß. Der Stall wartet längst auf seine zukünftigen Bewohner, und die Versorgung ist gleichfalls sichergestellt. Doch woher bekommt man die Tiere, wie viel kosten sie, und was sollte man beim Kauf unbedingt beachten?

DIE KOSTENFRAGE

Wie viel Geld Sie bei der Anschaffung Ihrer Hühner investieren müssen, lässt sich nicht pauschal sagen. Die Preise werden von verschiedenen Faktoren beeinflusst:

- ***Alter:*** Je jünger das Huhn, umso niedriger der Preis. Man kann zwischen Bruteiern, Küken, Jungtieren und ausgewachsenen Tieren wählen. Bruteier können einer Glucke untergelegt oder in der Brutmaschine ausgebrütet werden. Küken und Jungtiere brauchen besondere Fürsorge und spezielles Futter. Als Anfänger sind Sie mit bereits ausgewachsenen Tieren besser beraten.
- ***Geschlecht:*** Aufgrund ihrer Eierproduktion sind Hennen gefragter als Hähne. Eine Ausnahme bilden seltene Rassen. Hier kann auch ein Hahn hohe Preise erzielen.
- ***Rasse:*** Je seltener eine Rasse ist, umso höher sind die Kosten. Das betrifft vor allem Exoten, neue Rassen, besondere Farbschläge und schwer zu züchtende Rassen.
- ***Region:*** Suchen Sie eine Rasse, die in Ihrer Umgebung nicht allzu häufig vertreten ist, zahlen Sie deutlich mehr.
- ***Jahreszeit:*** In der Brutsaison sind die Preise niedriger als im Winter. Wer sparen will, sollte im Sommer kaufen.

Schauen Sie sich die Hühner Ihrer Wahl genau an. Fragen Sie nach Alter, eventuellen Vorerkrankungen, bisheriger Haltung und Impfnachweisen.

WO BEKOMMT MAN HÜHNER?

Für den Hühnerkauf gibt es viele verschiedene Anlaufstellen. Selbst per Post flattern die Tiere ins Haus. Denken Sie aber bitte daran, dass weite Reisen unnötig Stress verursachen und ein Blindkauf ohne Check-up *(→ Seite 94)* erfolgt.

Geflügelausstellungen

Messen und Ausstellungen spiegeln am besten die Vielfalt der Hühnerrassen wider. Hier können Sie nicht nur direkte Vergleiche ziehen, sondern oft auch Tiere erwerben. Nach den Veranstaltungen trennen sich viele Züchter von Hühnern, bei denen nicht alle rassetypischen Merkmale perfekt ausgeprägt sind. Beim Kauf können Sie sicher sein, dass die Tiere gesund sind. Der Züchter wird Ihnen auch gerne noch einige Tipps und Ratschläge zur Haltung der jeweiligen Rasse mit auf den Weg geben.

Kleintierzuchtverein

Außerhalb der Ausstellungssaison können Sie bei einem Kleintierzuchtverein in der näheren Umgebung nach Adressen von erfahrenen Züchtern fragen. Auch hier sind Sie gut beraten. Selbst wenn später Probleme auftreten, hilft man Ihnen sicher gern. Eine Mitgliedschaft bringt durchaus Vorteile. So können Sie den Newcastle-Impfstoff (→ *Seite 105*), der nur in großen Mengen abgegeben wird, mit anderen Züchtern und Hobbyhaltern teilen und zu einem günstigeren Preis als beim Tierarzt erwerben.

Tierheim

Wenn Sie keine speziellen Vorstellungen oder Ansprüche haben, sondern nur einige liebenswerte und unterhaltsame Untermieter suchen, sollte Sie der erste Weg ins Tierheim führen. Dort gibt es viele Hühner, die sehnsüchtig auf ein Zuhause warten. Nicht immer stammen sie aus ungünstigen Haltungen, sondern mussten umständehalber abgegeben werden. Auch ausgediente Legehennen finden Sie hier.

Internet und Annoncen

Bei Käufen von Privatpersonen sollten Sie besondere Vorsicht walten lassen. Schauen Sie sich die angebotenen Hühner unbedingt vor Ort an. Die Haltungsbedingungen verraten viel über den Gesundheitszustand der Tiere.

Tiermärkte

In regelmäßigen Abständen finden Bauern-, Tier- oder spezielle Geflügelmärkte statt, auf denen auch Hühner angeboten werden. Hier heißt es gleichfalls: Augen auf! Als Anfänger sollten Sie besser einen erfahrenen Halter mitnehmen, der vielleicht sogar den einen oder anderen Anbieter persönlich kennt oder Sie zumindest bei der Auswahl und dem Gesundheitscheck unterstützen kann.

AUGEN AUF BEIM HÜHNERKAUF

Eigentlich hatten wir fest vor, uns zu keinem Spontankauf verleiten zu lassen. Wir wollten uns nur kurz auf dem Tiermarkt umschauen und weitere Anregungen holen. Doch da waren sie plötzlich – drei süße Zwerghennen, in die sich meine Frau und ich sofort verliebt haben. Leider gab es noch mehr Interessenten für das sympathische Trio. Wir mussten sofort zuschlagen oder unsere Hühner ziehen lassen. Das kam natürlich nicht infrage. Kurzerhand warfen wir alle guten Vorsätze über Bord, tätigten den Kauf und fuhren überglücklich nach Hause. Doch bereits auf dem Heimweg packten uns erste Zweifel. In aller Eile hatten wir nicht mal an einen Gesundheitscheck gedacht. Aber die drei Schwestern sahen eigentlich sehr gepflegt aus. Bei der näheren Untersuchung mussten wir jedoch feststellen, dass unsere zukünftigen Gartenbewohner gleich eine ganze Schar unliebsamer Untermieter in Form von Milben mitgebracht hatten. Da wir die kleinen Plagegeister noch vor dem Einzug in den Stall entdeckt hatten, konnten wir sofort Gegenmaßnahmen ergreifen und eine Ausbreitung verhindern. Glücklicherweise waren die Hühner ansonsten topfit und bereiten uns so viel Freude, dass wir weitere Tiere dazugesellen wollen. Doch beim nächsten Kauf lassen wir uns genügend Zeit!

KRANKHEITEN UND PARASITENBEFALL ERKENNT MAN NICHT IMMER AUF DEN ERSTEN BLICK!

Herbert und Helene Stadler, 58 und 55 Jahre, wollen nach dem Auszug von Sohn und Tochter wieder für Abwechslung zu Hause sorgen. Die Hühnerhaltung verbindet für sie schöne und nützliche Aspekte.

RENT A HUHN

HÜHNERHALTUNG AUF PROBE

Hühner auf Probe gibt's unter www. mieteeinhuhn.de. Wer nicht im Umkreis von Bremen wohnt, findet hier auch die Adressen anderer Hühnervermieter.

Theorie ist gut, Praxis noch viel besser! Wer seine Qualitäten als Hühnerhalter vorab auf die Probe stellen will, der kann sich auch erst einmal ein paar der gefiederten Gesellen mieten! Ohne großen Aufwand lässt sich so ganz einfach ausprobieren, was das Leben mit Hühnern mit sich bringt – Freude und Spaß sind garantiert!

»Hühner vereinen die Eigenschaften eines Nutztieres mit den Eigenschaften eines handzahmen Haustieres«, erklärt Ralf-Wigand Usbeck, der diesen besonderen Reiz des Federviehs schon früh entdeckt hat. Sein Vater betrieb eine Hühnerfarm im Nebenerwerb. Den Traum von eigenen Hühnern konnte Ralf-Wigand Usbeck aber erst in die Tat umsetzen, als er von Bremen aufs Land zog. Warum er ein paar seiner Tiere an andere Interessierte ausleiht? Ganz einfach: »Ich möchte die Freude, die ich im Umgang mit den Tieren erlebe, an andere weitergeben.« Die Idee der Hühnervermietung lernte er durch einen Fernsehbeitrag kennen. Und fasste sofort den Entschluss, dass es ein derartiges Angebot auch in seiner näheren Umgebung geben muss.

HUHN AUF BESTELLUNG

Wer die Freuden der Hühnerhaltung nur über einen bestimmten Zeitraum kennenlernen will, ohne sich länger an die Tiere zu binden, der ist bei Ralf-Wigand Usbeck genau richtig! Er ist bereit, ein paar seiner handzahmen Tiere in fremde Hände abzugeben.

ALL INCLUSIVE

»Viel Freude bei wenig Aufwand« – um diesem Versprechen gerecht zu werden, liefert Ralf-Wigand Usbeck neben fünf prächtigen Legehennen auch Stall, Einstreu, Futter, Futterautomat, Wassertränke und den Steckzaun für den Auslauf. Sogar ein Sandbad ist dabei. Auch der Transport der Tiere, der Auf- und Abbau der Unterkunft und die Endreinigung des Stalles gehören zum Komplettpaket dazu.

FÜR JUNG UND ALT

Das Angebot richtet sich aber nicht nur an Familien mit Kindern und interessierte Hobbyhalter. Ralf-Wigand Usbeck will »Erfahrungen ermöglichen, die viele heutzutage nicht mehr haben«. So haben seine gefiederten Damen auch schon den Kindergarten- und Schulalltag bereichert sowie Freude und Abwechslung in Seniorenheime gebracht. Ob Unterricht zum Anfassen oder Beschäftigungstherapeut – Hühner sind vielseitig!

HOW TO

Voraussetzung für das Mieten von Hühnern ist eine Grünfläche von mindestens 25 m², außerdem darf der Transport nicht länger als 90 Minuten dauern. Bei der Übergabe erfolgt eine ausführliche Einweisung in Haltung und Handling.

SCHÖNER WOHNEN

EINGEWÖHNEN, WOHLFÜHLEN UND GEGENSEITIG FREUDE SCHENKEN

Hühner machen süchtig. Doch wenn man es bemerkt, ist es längst zu spät. Anstelle der geplanten drei Hennen tummelt sich nun eine muntere Hühnerschar im Garten, die hoffentlich auch die Nachbarn bestens unterhält.

AUF IN DIE NEUE HEIMAT!

ZEIT LASSEN ZUM ANKOMMEN

Endlich ist es so weit. Das Hühnerheim ist vorbereitet, und die neuen Bewohner können einziehen. Sorgen Sie für einen stressarmen Transport und geben Sie den Tieren nach der Ankunft genügend Zeit zum Eingewöhnen. Dann werden sie sich bald heimisch fühlen und einem engeren Kontakt nicht abgeneigt sein.

SICHERER TRANSPORT

Karton auf, Hühner rein, Karton zu – häufig praktiziert, aber nicht allzu komfortabel. Für kurze Wege ist die stabile Pappbox annehmbar. Natürlich nur, wenn sie mit genügend Belüftungsöffnungen versehen und nicht überladen wurde. Da Sie spätestens beim Gang zum Tierarzt wieder vor dem Transportproblem stehen, sollten Sie über den Kauf oder Bau einer speziellen Hühnerkiste nachdenken. Bei längeren Fahrten gehört die Box nicht in den Kofferraum, sondern in den Innenraum des Autos. Hier ist die Belüftung besser, und Sie können ab und zu den Zustand der Hühner prüfen. Im Sommer kann sich ein Auto rasch aufheizen und zur Hitzefalle werden. Wenn Ihr Fahrzeug keine Klimaanlage hat, sollten Sie die Fahrt besser in die frühen Morgen- oder späten Abendstunden verlegen. Nehmen Sie den schnellsten Weg nach Hause und vermeiden Sie unnötige Zwischenstopps. Je nach der Länge der Fahrt brauchen Ihre Hühner zwischendurch frisches Wasser.

ALLES FIX UND FERTIG

Bei Ankunft Ihrer Hühner sollte das neue Domizil schon fertig eingerichtet sein. So muss das liebe Federvieh nicht länger als unbedingt nötig in einer engen Box verweilen. Sorgen Sie vor der Umsetzung in den Stall noch rasch für Futter und Wasser und werfen Sie eine Handvoll Körner in die Einstreu. Die Hühner freuen sich sicher über den Willkommensgruß. Zudem baut Scharren und Picken Stress ab.

DIE ERSTEN STUNDEN

Setzen Sie die Hühner vorsichtig in den Stall. Der Durchschlupf in den Auslauf muss geschlossen sein. Jetzt ziehen Sie sich erst einmal zurück, damit die Bewohner ihr neues

Eine hühnergerechte Transportbox sollte mehrere Einzelfächer bieten und gut belüftet sein. Nach der Benutzung sind natürlich eine gründliche Reinigung und Desinfektion Pflicht.

Reich in Ruhe erkunden können. Etwas später ist dann die Zeit für eine Stippvisite gekommen, doch kündigen Sie Ihre Ankunft mit lauten, aber liebevollen Worten an. So erschrecken sich die Hühner nicht allzu sehr und gewöhnen sich gleich an Ihre Stimme. Ist genügend Platz im Stall, spricht nichts dagegen, sich in eine Ecke zu setzen und das Treiben der Hühnerschar eine Weile zu beobachten. Verhalten Sie sich dabei ruhig und vermeiden Sie ruckartige Bewegungen. Nicht selten wird aus dem geplanten Kurzbesuch ein Stundenaufenthalt, denn in Gesellschaft des geschäftigen Federviehs vergeht die Zeit im Nu.

Normalerweise lässt man neue Tiere zwei bis drei Tage im Stall. Entscheidend ist die Reaktion der Hühner. Wenn sie nicht allzu scheu sind und sich rasch eingelebt haben, kann der Auslauf auch schon nach 24 Stunden freigegeben werden. Mindestens eine Nacht muss die Hühnerschar aber im Stall verbringen, denn nur dann akzeptieren sie ihn als ihr neues Zuhause und kehren abends von allein zurück.

AB NACH DRAUSSEN

Der erste Ausflug in den Garten findet am besten morgens statt. Nehmen Sie sich etwas Zeit zur Beobachtung, denn es wird auf jeden Fall interessant und unterhaltsam. Öffnen Sie die Klappe und warten Sie ab, was passiert. In den ersten Minuten vermutlich gar nichts. Die Hühner müssen nicht nur den Ausschlupf aufspüren, sondern sich auch nach draußen in unbekanntes Territorium wagen. Irgendwann siegt die Neugier, und das mutigste Huhn verlässt den Stall. Die anderen folgen umgehend. Die Reihenfolge sagt schon einiges über den Charakter Ihrer Hühner aus, denn die Angsthasen bilden bekanntlich das Schlusslicht.

Zunächst werden die Tiere nicht den ganzen Freilauf nutzen. Sie halten sich lieber in der Nähe des Stalles auf, damit sie im Notfall schnell hineinflüchten können. Wenn sie sich erst an die neue Umgebung mit ihren Geräuschen gewöhnt haben, erweitern sie nach und nach ihren Aktionsradius und erforschen auch die entfernter gelegenen Bereiche. Viele gut verteilte Unterschlüpfe, sei es ein Busch oder ein Unterstand, geben ihnen ein Gefühl der Sicherheit. Irgendwann gehen alle Hühner geschäftig ihrem Tagwerk nach – es wird gescharrt, gepickt, gebadet und geputzt.

REIN IN DEN STALL

Sobald es dämmert, ziehen sich die Hühner instinktiv in die Nähe des Stalles zurück. Mit Hereinbrechen der Dunkelheit sind sie im Stall verschwunden und nehmen ihre jeweiligen Schlafplätze ein. Zählen Sie genau nach, denn womöglich hat sich einer der Neuankömmlinge aus Versehen oder absichtlich verirrt. Ist das der Fall, müssen Sie auf die Pirsch gehen, denn eine Übernachtung im Freien ist für Hühner viel zu gefährlich. Eine Stirnlampe leistet hier gute Dienste, denn so haben Sie beide Hände frei. Meist werden Sie im nächsten Baum fündig, oder das Huhn hockt gut versteckt unter einem Busch.

/// SCHON GEWUSST? ///

HÜHNER UND KINDER

Auch Kinder haben viel Freude an dem neuen Federvieh, denn es gibt jede Menge Aufregendes zu entdecken. Je nach Alter können sie sogar schon Verantwortung bei der Pflege übernehmen. Achten Sie von Anfang an auf einen respektvollen, freundlichen und liebevollen Umgang mit den Tieren. Erklären Sie den Kids, dass Hühner keine Schmusetiere sind und auf Knuddeln und Küsschen gerne verzichten. Und bitte immer die hygienischen Grundregeln einhalten: Nach dem Umgang mit den Hühnern gilt für Groß und Klein – Hände gründlich waschen!

KONSEQUENTE ERZIEHUNG

Vielleicht ist der Irrläufer vom Vortag kuriert und findet sich am nächsten Abend überpünktlich und von allein im Stall ein? Sie könnten es aber auch mit einem engagierten Freiheitskämpfer zu tun haben, der willentlich aus der Reihe tanzt und lieber draußen im Garten campiert als im sicheren Stall bei seinen Artgenossen. Diesen Ungehorsam dürfen Sie nicht dulden. Sobald es dämmert, sollten Sie ein Auge auf den Ausreißer haben und ihn notfalls sachte, aber bestimmt zum Stall treiben. Irgendwann wird er begreifen, dass Sie nur sein Bestes wollen und ihn jeden Morgen aufs Neue in die Freiheit des Auslaufs entlassen.

STEP BY STEP

VERTRAUENSSACHE

Auch wenn Hühner im Allgemeinen recht zutraulich sind, zeigen sie sich Fremden gegenüber skeptisch. Lassen Sie ihnen Zeit zum Eingewöhnen, bevor Sie die ersten Annäherungsversuche starten. Und vergessen Sie keinesfalls das Bestechungsleckerli!

Eine stabile Vertrauensbasis zwischen Halter und Huhn erleichtert das Handling, den regelmäßigen Gesundheitscheck und die notwendigen Pflegearbeiten.

Auch bei Hühnern geht die Liebe durch den Magen, denn das Picken gehört zu ihren Lieblingsbeschäftigungen. Setzen Sie sich in den Auslauf, werfen Sie ein paar Körner oder andere Leckerbissen vor sich hin und locken Sie die Tiere mit ruhiger Stimme an. Es wird nicht lange dauern, bis sich das erste Huhn vorsichtig nähert und das schmackhafte Friedensangebot in Augenschein nimmt. Stuft es die Lage als sicher ein, verkündet es laut gackernd seinen Fund. Daraufhin kommt die gesamte Schar angeflitzt, um eifrig beim Picken zu helfen. Wiederholen Sie den Annäherungsprozess so oft wie möglich und reden Sie dabei fortlaufend mit den Tieren. Nach wenigen Tagen werden die Hühner schon auf Ihren Besuch warten und ohne Zögern herbeikommen. Jetzt können Sie das Vertrauen weiter ausbauen.

1

Bieten Sie den Hühnern Körner oder eine andere Leckerei direkt aus der Hand an. Wer Respekt vor dem pickenden Schnabel hat, kann das Futter auch in einer Schale halten.

2

Es dauert nicht lange und das mutigste Huhn bedient sich. Halten Sie die Hand still, auch wenn es beim Picken vielleicht ein klein wenig zwickt. Daran gewöhnt man sich schnell.

3

Mit der Zeit wagen sich auch vorsichtigere Konsorten heran. Hat das Huhn Vertrauen zu Ihnen gefasst, lässt es sich problemlos anlocken, hochnehmen und halten. Streicheleinheiten werden meist geduldet, aber nicht von jedem Huhn gemocht.

ZUSAMMEN-RAUFEN

TEAMBILDENDE MASSNAHMEN

Neue Mitbewohner wirbeln die bestehende Hierarchie durcheinander. Schließlich müssen auch sie einen Platz in der Hackordnung einnehmen. Schnabelattacken und Rangeleien sind also vorprogrammiert. Mit einigen Tricks können Sie die Zusammenführung erleichtern, sodass schon bald wieder Harmonie auf dem Hühnerhof einkehrt.

DIE RICHTIGE WAHL

Wollen Sie Ihre Hühnerschar aufstocken, sollten Sie den Charakter der Tiere und ihre besonderen Bedürfnisse nicht außer Acht lassen. Sehr ruhige und gelassene Tiere passen einfach nicht zu Draufgängern und Raufbolden.

UNTER QUARANTÄNE

Neue Tiere bringen Sie anfangs am besten für zwei bis drei Tage getrennt von der übrigen Hühnerschar unter. Zu groß ist die Gefahr, dass sie eine Krankheit einschleppen. Auch wenn Sie die Hühner beim Kauf einem Gesundheitscheck unterzogen haben *(→ Seite 94)*, können sie doch Erreger in sich tragen, die später zum Ausbruch einer Erkrankung führen. Vielleicht ist auch eine Behandlung gegen Parasiten nötig. Nutzen Sie die Quarantänezeit, um die Neuankömmlinge zu beobachten und sich vertraut zu machen.

Fehlt der Hahn in der Hühnerschar, nimmt meist eine erfahrene Henne seinen Platz ein und achtet auf das Wohlergehen ihrer Artgenossinnen.

ZUSAMMENFÜHRUNG

Zeigen sich während der Quarantänezeit keine Krankheitssymptome, können Sie anschließend mit der Vergesellschaftung beginnen. Sie sollte niemals im Auslauf erfolgen, die Konfrontation wäre einfach zu groß. Zudem sind die Neulinge mit der Umgebung noch nicht vertraut und finden abends nicht in den Stall zurück. Zwei Vorgehensweisen haben sich bei der Zusammenführung bewährt.

Die sanfte Tour

Richten Sie für die Neuzugänge einen separaten Bereich im Stall ein. So können die Tiere erste Kontakte zu den alteingesessenen Hühnern knüpfen, sind aber vor direkten Anfeindungen geschützt. Einblicke in die bestehende Hierarchie können bei späteren Auseinandersetzungen hilfreich sein. Neue Damen werden vom Herrscher des Hühnerhofs meist freudig aufgenommen, seine Hennen sind von der Konkurrenz weniger begeistert. Nach zwei Tagen Kennenlernphase dürfen sich die Neuen abends, bevor der Stall verschlossen wird, unters Volk mischen. Während der Ruhezeit sind keine Streitigkeiten zu erwarten, und am nächsten Morgen stürmen die Alten meist sofort in den Auslauf. Irgendwann werden sich auch die Neulinge hinauswagen und das Terrain erforschen. Spätestens dann kommt es zu den ersten Auseinandersetzungen, aber dank der langsamen Eingewöhnungsphase fallen die Streitigkeiten zumeist etwas harmloser aus. Trotzdem sollten Sie das erste ungeschützte Zusammentreffen kritisch beobachten.

Speed-Dating

Passen Ihre alten und neuen Hühner vom Wesen her prima zusammen und sind topfit, spricht nichts gegen eine rasche Zusammenführung. Setzen Sie die Neuankömmlinge am Abend, wenn es schon dunkel ist, einfach auf die Sitzstangen zwischen die alten Hühner. Diese sind dann schon so schlaftrunken, dass sie nicht sonderlich protestieren. Alternativ können Sie die Neulinge morgens in den Stall setzen, wenn die anderen schon im Freien sind. So oder so sollten Sie die Hühnerschar im Auslauf scharf im Auge behalten.

AUF IN DEN KAMPF

Für welche Art der Vergesellschaftung Sie sich auch entscheiden – Rangkämpfe lassen sich nicht vermeiden. Manchmal steht die neue Hierarchie schon nach wenigen Stunden, bei sehr dominanten Tieren können auch mehrere Tage vergehen. Wer einen Chefposten innehatte, lässt sich eben nur ungern ins Fußvolk abdrängen. Es kommt vor, dass sich einige alte Hennen zusammenrotten und die Neuen regelrecht mobben. Besonders kritisch wird es, wenn sich der Ärger auf ein Huhn konzentriert. Deshalb sollten Sie keine Einzeltiere, sondern mindestens zwei oder mehr Hühner auf einmal integrieren. Haben Sie Geduld und lassen Sie die Rivalen ihren Streit austragen. Er gehört zum Hühneralltag einfach dazu. Greifen Sie nur im Notfall ein, wenn das Leben eines Tieres ernsthaft bedroht ist. Kleinere Wunden können im Nachhinein versorgt werden.

Hühner mit ähnlichem Wesen und Temperament kommen meist prima miteinander aus. Die Rasse ist für ein harmonisches Zusammenleben zweitrangig.

Stress auf dem Hühnerhof? Eine Handvoll Körner bringt auch sture Kontrahenten an einen Tisch und lässt sie ihre Streitigkeiten zumindest eine Zeit lang vergessen.

Für eine Glucke ist es irrelevant, ob sie die eigenen oder die Eier einer Artgenossin ausbrütet. Auch die Rasse spielt keine Rolle. Alle Küken werden gleich liebevoll umsorgt.

BEGEGNUNGEN DER ANDEREN ART

EIN FRIEDLICHES NEBENEINANDER

KANN MAN HÜHNER WIRKLICH PROBLEMLOS MIT ANDEREN TIEREN IN EINEM STALL ODER AUSLAUF HALTEN? GANZ SO EINFACH IST ES NICHT, WEISS STEFFEN SPECHT ZU BERICHTEN.

STEFFEN SPECHT ist ein erfahrener Halter und Züchter von verschiedenen Kleintieren und Schafen. Dabei legt er jeweils großen Wert auf eine artgerechte Haltung. Seit fast zwanzig Jahren engagiert er sich im Kleintierzuchtverein Berka/Werra. Er nimmt regelmäßig an verschiedenen Ausstellungen teil und konnte schon etliche Preise auf Kreis- und Landesebene erzielen.

Herr Specht, wann haben Sie mit der Tierhaltung begonnen, und welche Tiere genau leben bei Ihnen?
Steffen Specht: Schon meine Großeltern und Eltern hatten Hühner, Kaninchen und Meerschweinchen. Ich bin also mit Tieren groß geworden, habe begeistert bei deren Versorgung und Pflege geholfen und später meine eigene Haltung aufgebaut. Um den Tierbestand noch erweitern zu können, habe ich vor 15 Jahren gemeinsam mit einem befreundeten Züchter ein Wiesengrundstück gepachtet. Auf unserer rund 3600 m^2 großen Ranch leben Hühner, Enten, Gänse, Puten und Schafe. Natürlich gibt es auch immer noch die Hühner-, Kaninchen- und Meerschweinchengehege im Garten direkt neben unserem Haus. Nicht zu vergessen unseren Hund Lucy.

Sie beherbergen sehr viele unterschiedliche Tierarten. Wie kann man sich das Zusammenleben vorstellen?
Steffen Specht: Wenn es nach meinen Kindern ginge, dürften alle unsere Tiere in einem Stall wohnen und auf der Ranch frei herumlaufen. In ihren Bauernhof-Büchern leben ja auch alle Tiere, vom Huhn bis zum Pferd, einträchtig zusammen. Doch leider funktioniert das nur bedingt. Jede Art hat spezielle Ansprüche und Bedürfnisse, denen man als Halter gerecht werden sollte. Ob Heimtier, Hund, Katze oder Nutztier – in meinen Augen hat jedes Tier das Recht auf liebevolle Pflege und artgerechte Haltung. Das ist oft nur möglich, wenn man getrennte Ställe und Ausläufe hat, auch wenn sich einige Tierarten gut miteinander verstehen oder ähnliche Verhaltensweisen haben. Nach vielen Vergesellschaftungs-Experimenten leben meine Tierarten heute ausschließlich in ihren eigenen »vier Wänden«.

Was spricht aus Ihrer Sicht dagegen, z.B. Hühner und Enten in einem Stall und Auslauf zu halten?
Steffen Specht: Grundsätzlich vertragen sich Hühner und Enten recht gut. Sie können einen gemeinsamen Auslauf nutzen, der aber entsprechend großzügig sein muss. Pro-

Eine Übertragung von Krankheiten ist bei gemeinsamer Haltung von Schaf und Huhn nicht ausgeschlossen.

blematischer ist die Stallfrage. Wasser ist für Enten ein Lebenselement, und nach dem Badevergnügen tragen sie reichlich Feuchtigkeit in den Stall und matschen auch gerne im Wassernapf. Hühner hingegen lieben das Baden im trockenen Sand. Nasse Einstreu schadet ihrer Gesundheit. Nicht zuletzt bedienen sich die Tiere auch an den Futternäpfen der artfremden Mitbewohner, was zu Verdauungsschwierigkeiten und Schlimmerem führen kann.

➳ Ein gemeinsamer Auslauf von Hühnern und anderem Federvieh ist also möglich, solange nur jede Tierart einen eigenen Stall hat?

Steffen Specht: Separate Ställe lösen das Problem meist nicht. Da sie auch tagsüber frei zugänglich sein müssen, lässt es sich nicht vermeiden, dass sich die Tiere gegenseitige Besuche abstatten. Vor allem, wenn der eigene Futtertrog schon leer ist, macht man gerne Stippvisite beim Nachbarn. Bei einem festen Bestand kann man die Tiere darauf trainieren, nur ihren eigenen Stall zu nutzen. Das Federvieh ist diesbezüglich recht gelehrig. Da ich jedoch regelmäßige Neuzugänge durch eigene Zucht oder Ankauf habe, funktioniert das bei mir leider nicht.

➳ Wie sieht es mit Kaninchen und Meerschweinchen aus? Kann man sie bei schönem Wetter für einige Stunden zu den Hühnern in den Auslauf setzen?

Steffen Specht: Vermutlich würden sich die Hühner und Fellnasen gar nicht beachten. Es ist aber nicht auszuschließen, dass ein Huhn seinen Schnabel einsetzt, falls es sich in irgendeiner Weise bedroht fühlt oder das artfremde Tier einfach nur zur falschen Zeit am falschen Ort ist.

Hat man keinen Platz für eine Wechselweide, gleicht der Hühnerauslauf rasch einer Steppenlandschaft. Da gibt es für Kaninchen und Meerschweinchen nicht viel zu holen. Sie laufen in den Stall und bedienen sich am Getreide der Hühner, was in größeren Mengen für Übergewicht sorgt und zahlreiche Erkrankungen nach sich ziehen kann.
Die wirkliche Gefahr geht in meinen Augen jedoch vom Hühnerkot aus. Die Kaninchen und Meerschweinchen laufen darin herum und nehmen ihn bei der nächsten Putzaktion ungewollt auf, wodurch Krankheiten übertragen werden können. Gleiches kann durch das Fressen von verunreinigtem Gras passieren. Ehrlich gesagt, fühle ich mich auch unwohl bei dem Gedanken, dass meine Kinder indirekt mit dem Kot in Kontakt kommen, wenn sie ihre Fellnasen später im Arm halten und streicheln.

Nur unter bestimmten Voraussetzungen und unter Einhaltung strikter Regeln kann das Zusammenleben von Hühnern und anderem Geflügel funktionieren.

➳ Wie verhält sich Ihr Hund gegenüber den Tieren? Gibt es da irgendwelche Probleme?

Steffen Specht: Überhaupt nicht. Unsere Lucy, ein Jack Russell, ist als Welpe zu uns gekommen. Sie hat von klein auf gelernt, dass die Tiere auf der Ranch tabu sind und nicht gejagt werden dürfen. Anfangs musste sie vor den Gehegen warten und durfte nur durch das Gitter erste Kontakte knüpfen. Da alles ruhig und entspannt blieb, konnte ich sie wenig später mit hineinnehmen. Inzwischen ist Lucy ein Hütehund geworden, der alle Ranchbewohner aufmerksam bewacht und verteidigt. Besonders deutlich wird das bei Neuzugängen. Fremde Tiere, ob Federvieh oder Schaf, hält Lucy auf Abstand, bis ich das Okay gebe. Auch gegenüber Kaninchen und Meerschweinchen zeigt sie zum Glück keine Jagdambitionen.

Jäger und Beutetier friedlich vereint. Werden Hühner und Hund sachte aneinander gewöhnt, können sogar echte Freundschaften entstehen.

DER TRAUM VOM EIGENHEIM

NUR NICHTS ÜBERSTÜRZEN

Welcher Hühnerstall darf es denn sein? Fertigmodell oder Marke Eigenbau? Fest installiert oder doch besser mobil? Die Anschaffung eines artgerechten Hühnerheims will gut durchdacht sein. Schließlich sollen sich die Bewohner darin rundum wohlfühlen und Sie viele Jahre Freude, aber möglichst wenig Arbeit haben.

VIEL BEWEGUNGSFREIHEIT

Sie träumen von einer großen Hühnerschar? Dann sollten Sie zunächst prüfen, ob der zur Verfügung stehende Platz für den Stall und einen angemessenen Auslauf ausreicht. Der Stall fällt hier weniger ins Gewicht, denn je nach Rasse ist ein Quadratmeter für drei bis vier Tiere völlig ausreichend. Die Auslauffläche sollte je Huhn mindestens 10 m² betragen. Mehr ist natürlich immer besser *(→ Seite 71)*.

Mehr als ein Ruheplatz

Hühner nutzen den Stall nicht nur zur Eiablage und zum Schlafen, sondern verkriechen sich darin auch gern bei Regen, Kälte und Schnee. Dennoch wollen sie ihren arttypischen Gewohnheiten wie Picken, Scharren und Sandbaden nachgehen. Obwohl der Stall also rein rechnerisch nicht groß sein muss, spricht einiges für eine großzügigere Variante. Ein separater Schlaf- und Scharrraum ist durchaus sinnvoll. So sind Ihre Hühner auch dann gut untergebracht, wenn Sie z. B. die Umzäunung des Auslaufs umstecken müssen, ein vorübergehendes Sicherheitsproblem besteht oder wegen Seuchengefahr Stallpflicht *(→ Seite 28)* herrscht. Auch an den Platz für eine Quarantänebox ist zu denken. Ein Eigen- oder Umbau bietet hier alle Freiheiten.

Hoher Eigenkomfort

Nicht zuletzt erleichtert eine große Bewegungsfreiheit auch die regelmäßig anfallenden Pflege- und Reinigungsarbeiten *(→ Seite 98)*. Spätestens im Winter werden Sie praktisches Handling zu schätzen wissen. Wenn der Platz es zulässt, können Sie sogar einen Lagerraum für Futter, Hilfs- und Reinigungsutensilien einplanen. Und wer weiß, vielleicht finden Sie ja derart Gefallen an Ihren neuen Untermietern, dass Sie die Hühnertruppe später noch aufstocken wollen …

Stolz thront der Hahn auf dem Dach seines Hühnerhauses und überwacht aufmerksam sein Revier. Er nimmt seine Beschützerrolle sehr ernst und warnt vor jeder drohenden Gefahr.

MARKE EIGENBAU

Der Vorteil von Eigenbauten liegt auf der Hand. Sie können Bautyp, Größe, Material und Farbe selbst bestimmen, sodass das Hühnerheim nicht nur alle Bedürfnisse seiner zukünftigen Bewohner erfüllt, sondern auch ein schicker Blickfang im Garten ist. Bei der Planung des Eigenbaus können Sie Ihrer Fantasie freien Lauf lassen, doch denken Sie praktisch und vermeiden Sie schwer zugängliche Ecken und Winkel. Auch die Einrichtung sollte zweckmäßig und mobil sein. Das spart viel Zeit und Mühe bei den Säuberungsaktionen und ermöglicht eine gute Hygiene, die sich positiv auf die Gesundheit Ihrer Hühner auswirkt.

BAUSÄTZE

Fehlen Ihnen Zeit oder Erfahrung zum vollständigen Eigenbau, sind Sie mit Bausätzen gut beraten. Die Montage der vorgefertigten Einzelteile erfordert keine großen Baumeistertalente und ist im Handumdrehen erledigt. Die Ställe bestehen komplett aus Massivholz mit wetterfestem Anstrich. Eine Isolierung fehlt zumeist, ist aber je nach Region nicht zwingend nötig. An den Schlafraum schließt sich ein Auslauf an, der auch nach oben gesichert, manchmal sogar schon überdacht ist. Bissfester Draht schützt die Hühner vor Marder, Fuchs und Co. Klappbare Dächer, Kotschubladen und herausnehmbare Sitzstangen und Legenester erleichtern die Reinigung. Je nach Bautyp sind die Ställe sogar begehbar. Der Aktionsradius der Hühner ist dennoch sehr begrenzt und zusätzlicher Auslauf erwünscht!

Holz oder Kunststoff, da scheiden sich die Geister. Solange der Stall die Bedürfnisse Ihrer Hühner erfüllt und sich gut reinigen lässt, ist alles erlaubt. Bei der Reinigung bieten Kunststoffställe eindeutig Vorteile.

FERTIGSTÄLLE

Eigenbau und Bausätze kommen für Sie nicht infrage? Der Fachhandel bietet auch ein breites Sortiment an Fertigställen. Doch achten Sie beim Kauf bitte nicht nur auf Schönheit, sondern vor allem auf Größe, Material, Ausstattung, Qualität und Handling *(→ Checkliste)*. In der Regel unterscheidet man zwischen zwei Fertigbautypen. Das Grundmodell besteht aus einem kleinen Stall, der einfach in den Auslauf gestellt wird. Da es keinen separaten Scharrraum gibt, sollten Sie den Hühnern einen zusätzlichen wettergeschützten Unterstand anbieten. Die Kombivariante verfügt zudem über einen kleinen Auslauf, der sich direkt an den Stall anschließt. Leider reicht die Größe meist nicht aus, um dem Bewegungsdrang der Hühner gerecht zu werden. Ist kein zusätzlicher Auslauf möglich, sollten Sie sich auf eine kleine Anzahl Hühner mit ruhigem Temperament beschränken. Ideal sind Zwerghühner, denn sie benötigen ein Drittel weniger Platz als ihre großen Vettern.

UMBAUTEN

Die Fertigställe sind für Ihr Vorhaben zu klein, und für den kompletten Eigenbau fehlt die Zeit? Warum nicht eine fertige Gartenlaube mit möglichst großer Fensterfläche erwerben und diese mit wenigen Handgriffen umrüsten? Der Einbau einer Hühnerklappe ist leicht zu bewerkstelligen, wie auch die Belüftungsöffnungen schnell gemacht und mit Draht gesichert sind. Alternativ kann ein alter Geräteschuppen oder eine unbenutzte Garage zum Hühnerhotel umfunktioniert werden. Vielleicht hat ja sogar ein Bekannter noch einen verwaisten Stall, der sich in Ihren Garten umsetzen und wieder mit Leben füllen lässt?

IMMER MOBIL

Ein ortsfester Hühnerstall ist in Ihrem Wohngebiet nicht erlaubt? Sie wohnen zur Miete und müssen mit einem Umzug rechnen? Alles keine Gründe, um deswegen auf die Hühnerhaltung zu verzichten! Ein mobiler Stall ist in vielen

Bundesländern genehmigungsfrei und lässt sich aufgrund seiner Leichtbauweise auch gut transportieren. Ausschlusskriterien wären lediglich eine steile Hanglage oder ein sehr unwegsames Gelände, was das Weiterrücken des Stalls unmöglich macht. Auch wenn keine zwingenden Gründe vorliegen, sollten Sie über einen mobilen Stall nachdenken. Er bietet alle Vorteile des bewährten Prinzips der Wechselweide – wenn auch nur im Miniaturformat *(→ Seite 71)*. Da der begrenzte Auslauf wenig Platz zum Rennen und Flattern bietet, sollten Sie Ihrer Hühnerschar so oft wie möglich zusätzlichen Freigang gönnen.

STANDORTWAHL

Zugegeben – bei einem mobilen Stall brauchen Sie sich keine größeren Gedanken um die Platzierung zu machen, und selbst ein kleiner Fertigstall lässt sich mit wenig Aufwand später noch umsetzen. Anders sieht es bei einem großen Stall aus, der fest installiert werden soll. Folgende Kriterien sollten Sie bei der Standortwahl berücksichtigen:

- ***Halb Sonne, halb Schatten:*** Hühner brauchen viel Licht, sind aber hitzeempfindlich. Wählen Sie deshalb einen hellen Standort, aber beziehen Sie auch natürliche Schattenspender wie Bäume und Sträucher mit ein oder sorgen Sie für eine angemessene Isolierung.
- ***Hausnähe:*** Sie haben Strom und Wasser vor Ort, was die Reinigungs- und Pflegearbeiten deutlich erleichtert. Bei Regen und Kälte brauchen Sie keine langen Wege durch Matsch und Schnee zurücklegen. Sie können immer ein Auge auf Ihre Hühnerschar haben, für zusätzliche Sicherheit ist also gesorgt. Auch das tägliche Frühstücksei ist ruckzuck stibitzt. Im Sommer kann es jedoch zur Geruchsbelästigung kommen, und lautes Gegacker und Krähen unter dem Schlafzimmerfenster ist nicht jedermanns Sache.
- ***Untergrund:*** Der Boden sollte ganzjährig trocken sein. Meiden Sie Stellen, an denen sich Wasser sammeln kann.
- ***Auslauf:*** Der Auslauf muss direkt an den Stall grenzen, sodass die Hühner tagsüber freien Zugang dazu haben.
- ***Genehmigung:*** Nicht zuletzt hat auch das Bauamt ein Wörtchen bei der Standortwahl mitzureden, denn es sind bestimmte Abstände zum Nachbarn einzuhalten. Vielleicht brauchen Sie sogar eine Baugenehmigung *(→ Seite 31)*.

STALLKAUF? AUGEN AUF!

1 Reicht die Größe des Stalles für die geplante Hühnerschar aus?

2 Ist das verwendete Material wetterfest, oder muss es nachträglich behandelt werden?

3 Ist der Stall gut zugänglich und lässt sich problemlos reinigen?

4 Wurde auf Dachpappe verzichtet, oder können Sie, wenn nötig, umrüsten?

5 Ist der Stall für Ihre Wohngegend ausreichend gegen Kälte isoliert?

6 Ist eine gute Belüftung gewährleistet, ohne dass die Hühner Zugluft ausgesetzt sind?

7 Ist die Einrichtung bereits komplett enthalten, oder entstehen dafür zusätzliche Kosten?

8 Gibt es neben dem Schlafraum auch einen überdachten Scharrraum, in dem sich die Hühner bei Regen, Kälte oder behördlich angeordneter Stallpflicht aufhalten können?

9 Ist der Stall ortsgebunden oder mobil? Lässt er sich mit Rädern nachrüsten?

10 Gefallen Ihnen Bauweise und Material, und passt der Stall gut in Ihren Garten?

Damit Sie den Kauf später nicht bereuen, sollten Sie sich genügend Zeit beim Aussuchen des Stalles nehmen und die Angebote kritisch vergleichen.

ROHBAU UND INNENAUSBAU

ARTGERECHT, PRAKTISCH UND SCHICK

Der Bau ist beschlossene Sache. Jetzt geht es an die konkrete Planung und Umsetzung. Das Wohlergehen Ihrer Hühnerschar steht dabei immer im Vordergrund, ganz klar! Aber denken Sie auch an ein praktisches Handling. Je rascher die gründliche Reinigung vonstattengeht, umso mehr Zeit bleibt für Spiel und Spaß mit den Hühnern.

EIN GEEIGNETER UNTERGRUND

Für die Gestaltung des Stallbodens gibt es verschiedene Möglichkeiten. Denken Sie nicht nur an die leichte Reinigung, sondern auch an die Sicherheit und den Komfort Ihrer Tiere. Damit die Hühnerschar bei starkem Regen nicht unfreiwillig baden geht, sollte der Stallboden mindestens 20 cm über dem Geländeniveau liegen.

- ***Betonboden:*** Er ist nicht die preisgünstigste Variante, aber in puncto Stabilität, Haltbarkeit und Sicherheit ist Beton kaum zu überbieten. Er lässt sich prima säubern, und mit einem leichten Gefälle versehen können Sie den Stall beim Großputz sogar mit Gartenschlauch oder Hochdruckreiniger ausspritzen, ohne dass sich die Nässe staut. Nachteilig ist die Bodenkälte, doch sie kann mit einer extra hohen Schicht Einstreu kompensiert werden. Wollen Sie flexibel bleiben, sind Betonplatten die bessere Wahl.
- ***Holzboden:*** Holz lässt sich prima verarbeiten, reagiert aber auf Temperaturschwankungen und Luftfeuchtigkeit. Es entstehen kleine Ritze und Spalten, in die Nässe und Schmutz eindringen und in denen sich Parasiten verstecken können. Die Reinigung gestaltet sich deutlich schwieriger als bei glatten Oberflächen. Eine Versiegelung kann helfen, enthält jedoch Schadstoffe. Durch die aus dem Erdreich eindringende Feuchtigkeit ist die Lebensdauer von Holz stark beschränkt. Es hält auch den eifrigen Nagezähnen von Fressfeinden nur bedingt stand. Haben Sie keine Alternative, sollten Sie den Boden unter dem Holz mit Draht sichern. Bei nicht begehbaren Ställen ist auch eine erhöhte Bauweise auf Stelzen möglich. Zur besseren Reinigung können Sie Holzböden mit altem PVC-Belag abdecken.
- ***Naturboden:*** Er ist die preisgünstigste Variante, bietet aber keinen Schutz vor Fressfeinden. Im Sommer ist er

Hühnerparadies: Ein Stall mit angrenzendem Scharrraum und ein großzügiger Auslauf zur freien Verfügung – schon sind Hühner glücklich.

Die Interaktion mit dem gelehrigen und unterhaltsamen Federvieh macht auch Kindern jede Menge Spaß und lockt sogar kleine Stubenhocker ins Freie.

angenehm kühl, doch im Winter sollte er mit einer dicken Schicht Einstreu bedeckt werden. Selbst bei guter Pflege können sich Parasiten einnisten, da sich der Boden kaum säubern lässt. Wer einen natürlichen Untergrund bevorzugt, kann alternativ eine Tiefstreu verwenden (→ *Seite 66*).

PFLEGELEICHTE WÄNDE

Hühner kommen mit trockener Kälte prima zurecht. Ihre größten Feinde sind Feuchtigkeit und Zugluft.

- ***Mauerwerk:*** Steinwände sind ideal, denn sie können innen glatt verputzt und mit Kalkfarbe gestrichen werden. Eine glatte Oberfläche ohne Ritzen und Fugen gibt Parasiten kaum eine Chance und lässt sich schnell und gründlich reinigen. Droht doch eine Invasion der kleinen Plagegeister, können sie auf dem weißen Untergrund rasch entlarvt und schon im Anfangsstadium bekämpft werden. Für den Außenbereich reicht ein normaler Putz, den Sie z. B. farblich passend zum Haus wählen können. Solide Steinbauten brauchen auch in kalten Regionen keine zusätzliche Isolierung. Sie halten im Winter die Kälte draußen und bleiben auch in heißen Sommern innen schön kühl.
- ***Holzwände:*** Bei Holzbauten sollten die Bretter auf der Innenseite glatt gehobelt sein und ohne große Zwischenräume verarbeitet werden. Achten Sie darauf, dass kein Fressfeind eindringen kann, und geben Sie Parasiten möglichst wenig Platz zum Einnisten. Im Außenbereich schützt ein wetterfester Anstrich vor Elementarschäden. Je nach Wohnlage ist vielleicht eine Isolierung nötig. Dann sollten Sie doppelwandig bauen und den Zwischenraum dämmen.

EIN DACH ÜBER DEM KOPF

Hier kommt es weniger auf die Dachform an, als auf die Undurchlässigkeit und die Isolierung. Das Dach muss vor Kälte und Feuchtigkeit schützen, aber auch Fressfeinden standhalten. Zudem sollte sich der Innenraum des Stalls im Sommer nicht zu sehr aufheizen. Auf die Eindeckung mit Dachpappe sollten Sie besser verzichten. Wenn sich dort Milben einnisten, sind diese nur schwer wieder zu vertreiben. Vergessen Sie die Dachrinne nicht, damit bei starkem Regen weder Stall noch Auslauf überflutet werden!

LUFT UND LICHT

Das Stallklima ist für das Wohlbefinden Ihrer Hühner von entscheidender Bedeutung. Dazu gehört die ausreichende Versorgung mit Sauerstoff und Licht.

Der Fachhandel bietet verschiedene Grassamenmischungen an, die für Hühnerausläufe gut geeignet sind. Deutsches Weidelgras, Rotschwingel und Weißklee sind besonders strapazierfähig und erholen sich mit etwas Pflege innerhalb weniger Tage.

Breite Fensterfront

Der Stall sollte hell und freundlich sein. Je mehr Tageslicht, desto besser – das erhöht die Vitalität der Hühner und steigert die Legeleistung. Vor allem in den dunklen Wintermonaten, wenn die Tiere viel Zeit im Stall verbringen, zahlt sich eine große Fensterfront aus. Denken Sie auch an Notsituationen. Hat der Gesetzgeber Stallpflicht *(→ Seite 31)* angeordnet, stehen die Tiere unter Arrest und dürfen über einen längeren Zeitraum gar nicht nach draußen.

Um so viel Licht wie möglich einzufangen, sind die Fenster am besten nach Süden und/oder Südosten ausgerichtet. Sie sollten möglichst groß sein, aber nicht bis auf den Boden reichen, sonst fühlen sich die Hühner wie auf dem Präsentierteller. Achten Sie jedoch darauf, dass es auch bei voller Lichteinstrahlung noch einige abgedunkelte Plätze gibt, an die sich die Hühner bei Bedarf zurückziehen können. Insbesondere die Legenester brauchen einen geschützten Standort. Heizt sich der Stall im Sommer zu sehr auf, werden die Fenster mit Rollos versehen oder einfach mit Stoff verhangen. Im Winter bieten Fensterläden zusätzlichen Schutz vor eindringender Kälte.

Ausreichende Belüftung

Eine gute Luftzirkulation gewährleisten Be- und Entlüftungsschlitze. Noch besser sind Lüftungsklappen, die sich nach Bedarf öffnen und schließen lassen. Sie sollten in unterschiedlicher Höhe angebracht und mit engmaschigem, bissfestem Draht gegen das Eindringen von Fressfeinden und unliebsamen Gästen wie Spatzen gesichert sein. Auch ein Fliegengitter ist überaus sinnvoll. Im Hochsommer können Sie die Fensterflügel komplett aushängen und stattdessen mit Draht und Fliegengitter bespannte Holzrahmen einsetzen. Stellen Sie jedoch sicher, dass die gefiederten Gesellen keiner Zugluft ausgesetzt sind.

Künstliche Beleuchtung

Die Vorteile von natürlichem Tageslicht (Produktion von Vitamin D) sind nicht zu toppen. Eine künstliche Beleuchtung kann auch große Fenster niemals ersetzen. Trotzdem trägt sie entscheidend zum Wohlergehen Ihrer Hühner bei. Vor allem im Winter brauchen die Tiere besonders viel Energie, um sich warm zu halten. Doch gerade jetzt sind die Tage kurz, und die Hühner haben nur wenige Stunden für die Nahrungsaufnahme. Deshalb bleiben auch die Legenester leer. Durch den Einsatz von künstlichem Licht lässt sich dieses Defizit ausgleichen. Die Hühner zeigen sich aktiver, die Legeleistung steigt. Beim Einsatz von Kunstlicht sollten Sie jedoch einige wichtige Kriterien beachten:

- ***Der richtige Zeitpunkt:*** Mit der Abenddämmerung versammeln sich die Hühner im Stall und nehmen wie gewohnt ihre Schlafplätze ein. Daran ändert in der Regel auch ein beleuchteter Stall nichts. Zeigen sich einige Hühner dennoch aktiv und das Licht schaltet sich plötzlich ab, tappen sie völlig im Dunkeln und finden ihre Sitzstangen nicht. Sinnvoller ist eine Beleuchtung am Morgen. Hühner sind von Natur aus Frühaufsteher, und dank einer Zeitschaltuhr lässt sich ein Sonnenaufgang ohne großen Aufwand simulieren. Je früher die Tiere wach sind, umso früher beginnen sie mit der Nahrungsaufnahme, was den weiteren Stoffwechsel anregt. Bis zur Morgendämmerung sind die Legenester meist schon gut gefüllt. Danach verlassen die Tiere den Stall und können der Kälte im Auslauf mit prall gefülltem Kropf entgegentreten.
- ***Beleuchtungsdauer:*** Starten Sie den Tag gegen 5:00 oder 6:00 Uhr. Je nach Lichteinfall können Sie die Lampe bei Tagesanbruch ausschalten oder den ganzen Tag im Stall anlassen. So haben die Hühner genug Zeit für die Nahrungsaufnahme. Wer großen Wert auf die Eierproduktion legt, kann auch noch früher beginnen. Doch übertreiben Sie es bitte nicht. Ein »Arbeitstag« von 12 Stunden reicht völlig aus. Hennen sind keine leblosen Legemaschinen und brauchen auch mal eine Pause. Zu viel Licht ist unnatürlich und kann sogar der Gesundheit schaden. Forscher vermuten, dass auch Verhaltensstörungen wie Federpicken und Kannibalismus *(→ Seite 111)* in direktem Zusammenhang mit der Lichtintensität und Lichtdauer stehen.

HÜHNERKLAPPE

Jeder Hühnerstall benötigt eine sogenannte Hühnerklappe. Dieser Ausschlupf ermöglicht den Tieren den selbstständigen Auslauf in den Garten. Damit keine Einstreu herausgescharrt wird, sollte die Öffnung rund 30 cm über dem Stallboden liegen. Die Größe passen Sie der Statur Ihrer Hühner an. Abends wird der Ausschlupf mit einer Klappe fest verschlossen. Legen Sie besonderes Augenmerk auf eine leichte Bedienung. Die einfachste Lösung ist das Anbringen von Schienen rechts und links neben der Öffnung, in die sich die Klappe einschieben lässt. Versehen mit Öse und Strick, wird diese morgens nach oben gezogen und befestigt, abends dann wieder heruntergelassen. Das kann vom Inneren des Stalles, aber auch von der Gartenseite aus erfolgen. Befindet sich der Stall in Hausnähe, ist die Klappe sogar durch ein Fenster zu bedienen. Wer am Wochenende gerne ausschläft, seine Hühner aber nicht warten lassen möchte, greift zu einer elektrisch gesteuerten Öffnungs- und Schließvorrichtung aus dem Fachhandel, die mit einer Zeitschaltuhr versehen ist.

Befindet sich der Ausschlupf auf einer Wetterseite, sollte ein Windfang vor Zugluft, Schnee und Regen schützen. Bei einer Wechselweide können Öffnungen nach mehreren Seiten sinnvoll sein, die Sie nach Bedarf aufschieben. So wird auch der Stalleingangsbereich nicht überstrapaziert.

Sobald sich die Hühnerklappe öffnet, marschieren die Tiere in den Auslauf. Je nach dessen Größe und Beschaffenheit versorgen sie sich hier weitgehend selbst.

OMLET

MODERNES DESIGN STATT LANDHAUSSTIL?

Den Eglu Cube Hühnerstall können Sie über www.omlet.de bestellen. Hier finden Sie auch genauere Informationen, Abmessungen und Bewertungen anderer Hühnerhalter.

Natürlich, gut zu verarbeiten und vergleichsweise günstig – Holz ist noch immer das bevorzugte Material zum Bau eines Hühnerstalles. Doch warum nicht etwas Neues wagen? Das Eglu Cube Hühnermobil aus 100 % Kunststoff punktet nicht nur durch sein futuristisches Aussehen, sondern hat auch viele praktische Vorteile zu bieten!

Ein Plastikhaus für Hühner? Für manche ein gewöhnungsbedürftiger Gedanke, doch Kunststoff als Baumaterial hat durchaus seine Vorzüge. In erster Linie sind die glatten Oberflächen zu nennen, die sich prima reinigen lassen und Milben oder anderen Schädlingen keine Ritzen und Spalten als Unterschlupf bieten. Zudem ist Kunststoff relativ leicht, sodass der Stall, nicht zuletzt dank seiner Räder, ohne größeren Kraftaufwand verstellt werden kann. Aufgrund der hochwertigen Verarbeitung aus UV-stabilisiertem Polyethylen sichert der Hersteller eine langjährige Haltbarkeit zu. Und: Das Material ist zu 100 % recycelbar. Die Hühner scheinen sich im Eglu Cube jedenfalls wohlzufühlen, wie zahlreiche Rückmeldungen von Hobbyhaltern belegen!

FLEXIBEL BLEIBEN

Der Eglu Cube steht erhöht auf einem stabilen Rahmen, hinauf führt eine Leiter. Je nach Bedarf können Sie den Stall um einen Auslauf in drei verschiedenen Größen erweitern und dem Rahmen Räder hinzufügen. So lässt sich der Stall samt Gehege ruckzuck verschieben.

INDOOR

Der Innenraum bietet zehn Zwerg- oder sechs normal großen Hühnern Platz. Die rutschfesten Sitzstangen sind für beide Größen geeignet. Der Kot fällt direkt in die unter den Sitzstangen gelegene, herausnehmbare Kotschublade. Das Legenest kann mittels Schiebetür vom Schlafbereich abgetrennt werden. So können Sie verhindern, dass sich die Hühner nachts im Legenest aufhalten und dieses verunreinigen.

OUTDOOR

Ein Auslauf aus solidem Stahldrahtgewebe und ein 20 cm breites, flach auf dem Boden aufliegendes Gitter sorgen dafür, dass sich kein Räuber zu Ihren Hühnern durchbeißen oder durchgraben kann. Im Lieferumfang enthalten ist eine Abdeckplane, die über Spannhaken am Gitter befestigt wird und Sonne, Regen und Schnee abhält. Auch bei größerem Gehege sollten Sie Ihren gefiederten Gesellen jedoch mindestens einmal am Tag Freigang im Garten erlauben.

GEGEN HITZE UND KÄLTE

Durch spezielle Lüftungsschlitze ist für eine ständige Luftzirkulation gesorgt, ohne dass die Hühner Zugluft ausgesetzt sind. Die doppelwandige Isolierung schützt vor frostigen Temperaturen.

GRUND-AUSSTATTUNG

DIE BASICS FÜRS HÜHNERHEIM

Eine Luxusausstattung brauchen Hühner nicht, doch ein bisschen Komfort darf es schon sein. Nur wenn sich Ihr Federvieh rundum wohlfühlt, zeigt es sich in seiner vollen Pracht und geht gerne seinen täglichen Jobs nach. Denken Sie bei der Einrichtung auch an eine gute Hygiene und Ihre eigene Bequemlichkeit.

FUTTERSPENDER

Der Fachhandel bietet ein großes Sortiment an verschiedenen Futtertrögen aus Kunststoff, Keramik, Holz oder Zinkblech an. Empfehlenswert sind Modelle mit einem Fressgitter, bei denen die Hühner das Futter nicht herausscharren können. Achten Sie darauf, dass sich die Tröge gut reinigen lassen. Die Größe ist abhängig von der Anzahl Ihrer Hühner *(→ Seite 67)*. Die Tiere sollten alle gleichzeitig picken können. Platzieren Sie den Trog mitten im Stall und leicht erhöht, damit er von allen Seiten zugänglich und vor Verschmutzung sicher ist. Alternativ kann der Futterspender an langen Seilen an der Stalldecke aufgehängt werden.

In Stülptränken bleibt das Wasser deutlich sauberer als in herkömmlichen Näpfen. Trotzdem sollte es mindestens einmal täglich gewechselt werden. Die Trinkrinne können Sie nach Bedarf säubern.

WASSERTRÄNKE

Täglich frisches Wasser ist für Hühner ein Muss. Deshalb sollten Sie mindestens eine gut zugängliche Tränke im Stall und eine im Schattenbereich des Auslaufs anbieten. An sehr heißen Tagen freuen sich die Hühner auch über eine weitere Erfrischungsquelle. Achten Sie bei einfachen Wassernäpfen auf die Standfestigkeit. Leichte Näpfe kippen rasch, sodass die Hühner nicht nur leer ausgehen, sondern auch Feuchtigkeit in die Einstreu gelangt. Damit das Wasser beim Scharren nicht verschmutzt, sollten Sie die Näpfe auf einem sogenannten Tränkenhocker platzieren – das kann auch ein einfacher Backstein sein. Die bessere Wahl sind geschlossene Behälter aus dem Fachhandel, denn sie sorgen für eine optimale Trinkwasserhygiene. Bewährt haben sich Stülptränken mit umlaufender Trinkrinne; sie sind aus Kunststoff und lassen sich prima reinigen. Für eine bessere Trinkhaltung und zum Sauberhalten der Rinne macht auch hier ein erhöhter Standort Sinn. Die Trinkrinne sollte sich in etwa auf Schulterhöhe der Tiere befinden.

/// TIPP ///

GUT VERSORGT IM WINTER

Bei Minusgraden kann das Wasser in Tränken und Näpfen gefrieren. Damit die Hühner trotzdem keinen Durst leiden, muss das Wasser mehrmals täglich gewechselt werden. Verfügt der Stall über einen Stromanschluss, können Sie auf eine elektrische Tränkeheizung zurückgreifen.

EINSTREU

Ob im Auslauf oder im Stall – das Scharren gehört zu den Grundbedürfnissen eines Huhns. Darum sollte der Boden des Hühnerhauses je nach Untergrund ca. 3 bis 5 cm hoch eingestreut werden. Einige Halter empfehlen auch eine Tiefstreu von 15 bis 20 cm. Doch welche Einstreusorte ist empfehlenswert? Grundsätzlich eignen sich Sand, kurzfaseriges Heu, Strohhäcksel, Holzspäne (kein Sägemehl), Hanfhäcksel und sogar Papier. Sie können zudem Rindenmulch, Erde und getrocknetes Laub untermischen. Für welche Einstreu Sie sich entscheiden, hängt von Ihrem persönlichen Geschmack, den jeweiligen Beschaffungs- und Lagermöglichkeiten, der Besatzdichte und nicht zuletzt natürlich auch von Ihrem Geldbeutel ab. Es hat sich bewährt, je nach Jahreszeit zwischen verschiedenen Materialien zu wechseln.

- ***Sand:*** Im Winter ist Sand als alleinige Einstreu häufig zu kalt, doch im Sommer spricht einiges dafür. Er ist kostengünstig, gut saugfähig und wirkt auf Parasiten wenig einladend. Für kleine Ställe ist Spielsand gut geeignet. Größere Mengen können Sie zu einem deutlich günstigeren Preis im Baustoffhandel erwerben. Grobkörniger Sand bietet den Hühnern auch genügend kleine Steinchen, die sie zur Unterstützung ihrer Magentätigkeit aufnehmen können.
- ***Holzspäne:*** Eine Einstreu aus Holzspänen ist saugfähig und relativ kostengünstig. Aufgrund ihrer praktischen Verpackung lässt sie sich auf Vorrat platzsparend lagern. Leider sind die Holzspäne auch für Ungeziefer interessant und neigen wie Rindenmulch bei übermäßiger Feuchtigkeit zur Schimmelbildung. Der Reinigungsaufwand ist somit höher.
- ***Kurzfaseriges Heu:*** Nutzen Sie den Rasenschnitt aus Ihrem Garten. Bei warmem, trockenem Wetter und unter häufigem Wenden braucht er nicht lange, um gut durchzutrocknen. Wer nicht direkt bei Mutter Natur zugreifen kann, bekommt Heu zu einem günstigen Preis bei jedem Bauern. Auch der Zoofachhandel bietet ein reiches Sortiment. Hauptsache, das Heu ist nicht zu langfaserig. Falls die Tiere es fressen, kann es sonst zu einer Kropfverstopfung kommen *(→ Seite 115)*. Das Heu darf weder feucht noch schimmelig sein und muss häufig gewechselt werden.

Der Futtertrog sollte niemals leer sein. Zu knappe Rationen können zu Untergewicht, schlechter Legeleistung oder dünnschaligen Eiern führen.

- ***Unbehandeltes Papier:*** Es scheint etwas ungewöhnlich, aber auch Papier aus dem Schredder taugt als Einstreu. Papierstreu lässt sich kostengünstig selbst herstellen und ist frei von Parasiten. Aufgrund der geringen Saugfähigkeit muss sie jedoch häufig gewechselt werden, sonst kommt es zur Schimmelbildung. Um der Gesundheit Ihrer Hühner nicht zu schaden, sollten Sie keine Ausdrucke mit zu viel Druckerschwärze verwenden, falls die Tiere davon fressen.
- ***Hanfhäcksel:*** Diese Einstreu ist ein echtes Allroundtalent. Sie ist super saugfähig, geruchsbindend und wirkt leicht antiparasitär. Da sie nicht staubt, ist sie auch für Allergiker gut geeignet. Einen Minuspunkt bekommt sie für die höheren Kosten, doch den macht sie durch den

deutlich niedrigeren Pflegeaufwand wett. Hanfhäcksel muss seltener komplett gewechselt werden. Den mit der Einstreu verklumpten Kot können Sie einfach absammeln.

- ***Strohhäcksel:*** Stroh besitzt nur wenig Saugfähigkeit. Wollen Sie es als Alleinstreu verwenden, sollte es häufiger gewechselt werden. Besser geeignet ist es als zusätzliche Überstreu. Im Sommer nisten sich in den Halmen zwar gerne Parasiten ein, doch während der kalten Jahreszeit überwiegen eindeutig die Vorteile. Stroh ist ein hervorragendes Dämmmaterial gegen Bodenkälte. Es leitet Flüssigkeiten zügig nach unten ab, sodass die Hühnerfüße immer schön trocken bleiben. Zudem punktet es mit einfachem Bezug, leichtem Handling und rascher Verrottung.
- ***Tiefstreu:*** Dazu müssen Sie den Boden des Stalles 20 bis 40 cm tief ausheben, mit Draht gegen Fressfeinde absichern und danach mit verschiedenen Streumaterialien auffüllen. Einige Halter schwören auf ein Gemisch aus Komposterde und Hobelspänen, andere verwenden trockenes Laub, Rindenmulch oder andere Einstreu. Achten Sie auf ein gutes Bodenklima und geben Sie regelmäßig Einstreu dazu. Das Gemisch sollte locker und nicht zu feucht sein und keinesfalls unangenehm riechen. Durch das Scharren arbeiten die Hühner ihren Kot unter und versorgen den Boden zugleich mit Sauerstoff. So baut sich der anfallende Mist bis zu einem gewissen Grad selbst ab. Wird die Bodenschicht zu hoch, können Sie einen Teil entfernen und als Dünger für den Garten verwenden. Tiefstreu funktioniert auch auf befestigten Böden. Da keine Mikroorganismen einwandern können, muss hier etwas häufiger gereinigt werden.

Ziemlich praktisch: Sind die Legenester von außen zugänglich, werden die Hühner im Stall bei der täglichen Eientnahme nicht gestört.

EIN GEMÜTLICHES NEST

Keine Lust auf tägliche Eiersuche? Dann dürfen Legenester im Stall auf keinen Fall fehlen. Diese können fertig gekauft oder mit wenig Aufwand selbst gebaut werden. Als Notlösung reicht eine alte Holzkiste oder ein stabiler Karton. Selbst eine Kunststoffbox wird gut angenommen und lässt sich einfach säubern. Überdachten Nestern gilt der Vorzug, denn die Hennen mögen es gerne schummrig. Deshalb ist auch ein geschütztes Plätzchen als Standort ideal.

- ***Hoch oben:*** Bringen Sie die Nester erhöht an. Den Hennen gefällt es, und Sie ersparen sich das lästige Bücken bei der Eientnahme. Die Nester sollten sich alle auf einer Ebene befinden, sonst bleiben die unteren leer. Nichtfliegern erleichtert eine kleine Hühnerleiter den Aufstieg.
- ***Schwesterlich geteilt:*** Nicht jede Henne braucht ihr eigenes Nest, sie teilt es sich gerne mit drei bis vier Artgenossinnen. Eine Einstreu aus kurzfaserigem Heu sorgt für Gemütlichkeit und garantiert dem Ei eine weiche Landung.
- ***Ungestört:*** Bei Eigenbauten können Sie an der Rückseite der Nester eine Klappe vorsehen. So brauchen Sie den Stall bei der Eientnahme nicht betreten.
- ***Animation:*** Um die Attraktivität eines selten genutzten Nestes zu steigern, können Sie ein Gips- oder Kunststoffei hineinlegen. Sobald das Nest scheinbar Anklang gefunden hat, gesellt sich rasch noch ein zweites und drittes Ei hinzu.
- ***Brucheier:*** Bei Eierpickern *(→ Seite 111)* oder Trampelhühnern helfen Abrollnester aus dem Fachhandel. Hier fallen die gelegten Eier durch ein Loch in eine Schublade und sind somit außer Reichweite von Schnabel und Füßen.

SANDBAD

Im Winter und bei Regen halten sich Hühner öfter im Stall auf. Ein Sandbad zur Reinigung des Gefieders darf also nicht fehlen *(→ Seite 93)*. Eine einfache Holzkiste mit trockener Erde und Sand reicht aus. Um Parasiten abzutöten, können Sie Kieselgur aus dem Fachhandel untermischen.

SITZSTANGE

Wilde Hühner nächtigen aus Angst vor Fressfeinden auf Bäumen. Dieser Sicherheitsinstinkt ist auch bei den Haushühnern noch stark ausgeprägt. Deshalb brauchen sie Sitzstangen, die möglichst hoch angebracht sind, und zwar mindestens 1 m über dem Boden. Sie sollten das höchste Einrichtungselement sein. Auch wenn die Hühner im Stall schlafen, bezeichnet man das Aufsuchen des Ruheplatzes als Aufbaumen. Als Sitzstange reicht ein einfaches Vierkantholz aus, wie eine gehobelte Dachlatte. Abgerundete Ecken bieten einen guten Halt und schützen vor Ballenerkrankungen. Die Stärke ist abhängig von der Länge der Stange und dem Gewicht, das sie tragen muss. Die Breite wählen Sie so, dass die Füße Ihrer Hühner flach aufliegen können. Befestigen Sie die Stangen so an der Wand, dass sie zur Reinigung entnommen werden können. Auch die Halterung sollte sich für den Großputz leicht entfernen lassen.

KOTAUFFANG

Unter jede Sitzstange gehört ein sogenanntes Kotbrett. Es muss so platziert werden, dass der Kot bei der Abgabe nicht auf den Boden, sondern auf das Brett fällt. So bleibt die Einstreu sauber. Lassen Sie nicht zu viel Abstand zwischen Sitzstange und Kotbrett, damit die Hühner nicht auf dem Brett herumlaufen. Je weniger Kontakt sie mit ihrem Kot haben, umso besser. Alternativ können Sie einen Kotkasten verwenden, dessen Oberseite mit Draht bespannt ist. So fällt der Kot durch die Maschen direkt in einen für die Hühner unzugänglichen Auffangbehälter.

/// SCHON GEWUSST? ///

AUF DEN PUNKT GEBRACHT

Für Hühner mit rund 2 kg Gewicht gelten folgende Maße:

Stallgröße: 1 m² für 3–4 Tiere

Auslaufgröße: 10–20 m² pro Tier

Legenestgröße: etwa 30 × 40 × 40 cm

Sitzstangenlänge: 25–30 cm pro Tier

Troglänge: 12–15 cm pro Tier

GUTER RAT IST TEUER

Wir hatten schon lange mit dem Gedanken gespielt, uns Hühner anzuschaffen, und uns auch gründlich über die Voraussetzungen für eine artgerechte Haltung informiert. Von den Preisen für Tränken und Futternäpfe waren wir jedoch geschockt. Ein Nachbar meinte, man könnte stattdessen auch einfach ein paar ausgediente Kochtöpfe und Pfannen nehmen – das spare Geld. Diesen Tipp fanden wir toll, und gemeinsam mit den Hühnern zog auch unser altes Kochgeschirr in den Stall ein. Das Ergebnis präsentierte sich bereits am nächsten Tag. Der Futtertopf war umgeworfen, und der Inhalt lag überall verstreut. Dies wäre nicht weiter tragisch gewesen, wenn die scharrfreudigen Hühner nicht auch mit dem Wassertiegel den Kipptest geprobt hätten. Die Einstreu war völlig durchnässt und das Federvieh durstig. Letztendlich hatten wir eine riesige Matscherei, sodass wir den Stall bereits nach einem Tag gründlich reinigen mussten. Holpriger hätte unser Start ins Leben mit Hühnern kaum laufen können. Deshalb führte uns der nächste Weg direkt in den Fachhandel, wo wir uns nun doch für eine auslaufsichere Tränke sowie einen Futternapf mit aufgesetztem Gitterrost entschieden. Seitdem hatten wir keine unangenehmen Überraschungen mehr.

SPAREN SIE BESSER NICHT AM FALSCHEN ENDE. MANCHMAL LOHNT SICH EINE SOLCHE RELATIV KLEINE INVESTITION!

Für Matthias Sonntag, 23 Jahre, und Ingeborg Gutbrod, 21 Jahre, war schnell klar, dass zu ihrem gemeinsamen Glück auch ein paar eigene Hühner dazugehören.

HAUPTSACHE, WETTERFEST

GUT GERÜSTET FÜR ALLE JAHRESZEITEN

Die Umgebungstemperatur wirkt sich in erheblichem Maße auf das Wohlbefinden von Hühnern aus. Sie nimmt Einfluss auf das Verhalten der Tiere, ihren Futterbedarf und ihre Legeleistung. Über die Idealtemperatur sind sich die Experten allerdings noch nicht einig. Die Werte pendeln zwischen 15 und 25 °C.

IMMER SCHÖN COOL

Wir Menschen schützen uns vor Überhitzung, indem wir unsere körpereigene Klimaanlage anwerfen und tüchtig schwitzen. Die Verdunstungskälte des Schweißes kühlt unser Blut ab, sodass der Kreislauf zumindest für einige Zeit weiter stabil bleibt. Unsere Hühner besitzen keine Schweißdrüsen und müssen auf andere Kühlmechanismen zurückgreifen. Sie geben die überschüssige Wärme über Kamm, Kehllappen, Nasenhöhle, Haut, Zunge und die Schleimhäute in Luftröhre, Lunge und Luftsäcken ab.

INFO

Um den Vogelkörper aufzuwärmen, können Sie den Futterbrei für Ihre Hühner an sehr kalten Tagen mit warmem Wasser anrühren.

Überhitzung – Symptome und Abhilfe

Wenn es Hühnern zu heiß wird, fangen sie wie ein Hund an zu hecheln. Dabei ist der Schnabel leicht geöffnet. Die ausgeatmete, warme Luft verdunstet, und die Verdunstungskälte wirkt kühlend. Um die Körperoberfläche zu vergrößern, werden die Flügel gespreizt und hängen herab. Das unterstützt gleichzeitig die Luftzirkulation. Insgesamt wirken überhitzte Hühner sehr erschöpft und apathisch. Sie bewegen sich kaum und fressen deutlich weniger. Das wirkt sich auch auf die Legeleistung und die Beschaffenheit der Eier aus, die deutlich dünnere Schalen aufweisen und häufig schon bei der Ablage zu Bruch gehen. Platzieren Sie einen nicht ausreichend isolierten Stall deshalb niemals in der prallen Sonne und sorgen Sie im Auslauf für ausreichend Schattenplätze. Auch ein erfrischendes Fußbad in einer flachen Wanne mit kaltem Wasser schafft Abkühlung.

Erfrischendes Sommermenü

An heißen Tagen haben Hühner einen erhöhten Flüssigkeitsbedarf. Besonders gern trinken sie kühles Wasser. Daher sollten die Tränken mehrmals am Tag mit frischem

Unter normalen Bedingungen benötigen Hühner etwa doppelt so viel Wasser wie Futter. Bei sommerlichen Temperaturen kann der Bedarf jedoch deutlich ansteigen.

Schnee ist bei Hühnern unbeliebt, denn er behindert beim Laufen und Scharren und beeinträchtigt die Sicht. Deshalb sollten Sie zumindest einen Teil des Auslaufs räumen.

Wasser befüllt werden. Ist das aus Zeitgründen nicht möglich, sorgen Eiswürfel im Wasser oder ein Kühlakku unter der Tränke für Kühle. Sehr beliebt ist auch ein großer Eisblock im Auslauf, der beim Schmelzen immer wieder frisches Wasser liefert. Nutzen Sie dafür gefriertaugliche Behälter, wie leere Eisverpackungen. Bieten Sie zudem wasserhaltiges Futter an. Besonders beliebt sind Gurken, Zucchini und Äpfel. Doch Vorsicht! Da Frischfutter im Sommer rasch verdirbt, sind die Reste umgehend zu entfernen.

FIT DURCH DEN WINTER

Grundsätzlich kommen Hühner mit Kälte besser zurecht als mit Wärme. Das dichte, flauschige Daunenkleid, das die Haut der Vögel umhüllt, ist ein hervorragender Kälteschutz. Über den Daunen tragen die Vögel wetterfeste Deckfedern, die gut eingefettet werden *(→ Seite 93)*. So bleibt das Federkleid nicht nur elastisch und geschmeidig, sondern auch undurchlässig für Feuchtigkeit und Kälte. Fallen die Temperaturen unter den Gefrierpunkt, wird das Gefieder zusätzlich stark aufgeplustert. Das vergrößerte Luftpolster zwischen den einzelnen Federn wirkt wie eine Isolierschicht und toppt die beste Winterjacke. Zusätzlich versuchen die Hühner auch im Winter so oft es geht Sonne zu tanken. Wird es extrem kalt, sitzen die Tiere mit eingezogenem Kopf und dicht an den Körper angelegten Flügeln still da. Eine prima Strategie, denn so ein kleiner »Federball« bietet der Kälte nur wenig Angriffsfläche. Notfalls rückt man im Stall auch mal ein wenig enger zusammen.

Erfrierungen – Symptome und Abhilfe

Nicht alle Körperteile der Hühner sind von einem dichten Federkleid geschützt. Kamm, Kehllappen, Ohrscheiben und Zehen leiden als Erstes unter anhaltendem Frost. Sie werden kalt, blutleer und verlieren dadurch ihre Farbe. Zeigen sich diese Symptome, sollten Sie das Tier keinesfalls sofort ins Warme bringen, sondern langsam akklimatisieren. Hilfreich ist auch, die betroffenen Stellen mit Schnee abzureiben und vorsichtig zu massieren, da sie den Hühnern starke Schmerzen bereiten. Tragen Sie danach eine Wundsalbe (z. B. Bepanthen) auf. Vorbeugend können Sie ungeschützte Körperteile mit Vaseline einreiben. Bei strengem Frost sollten die Hühner besser nicht in den Auslauf. Nicht jedes Tier weiß, was gut für seine Gesundheit ist, und zieht sich rechtzeitig in den Stall zurück. In Schneegebieten ist eine weniger kälteempfindliche Rasse ratsam.

Energiereiches Wintermenü

Was nützt die beste Überlebensausrüstung, wenn der Motor, der alles antreibt, wegen Spritmangel leerläuft? Um auch bei niedrigen Außentemperaturen warm zu bleiben, brauchen Hühner jede Menge Energie. Darum darf das Winterfutter gern etwas kalorienreicher ausfallen. Ein gutes Kraftfutter sind z. B. geschroteter Mais und Sonnenblumenkerne. Für den nötigen Vitaminschub sorgt Bierhefe, die Sie einfach unter das Weichfutter mischen. Frostresistentes Gemüse wie Möhren, Grün- und Rosenkohl aus dem Garten, getrocknete Brennnesseln und frische Keimsaaten *(→ Seite 91)* ergänzen den Speiseplan, wenn das Grünfutter im Auslauf knapp wird. Den Bedarf an tierischem Eiweiß können Sie mit Mehlwürmern aus dem Fachhandel decken.

ABER BITTE MIT GARTEN!

AUFTANKEN IM GRÜNEN

Hühner genießen den Freilauf im Garten ebenso wie wir einen Spaziergang in der Natur. Doch ein großer Auslauf allein genügt noch nicht. Er sollte auch gut strukturiert sein, damit die gefiederten Gesellen ihre arttypischen Verhaltensweisen voll ausleben, sich bei Gefahr aber auch rasch in Sicherheit bringen können.

GRÖSSE UND LAGE

Je größer der Auslauf, desto besser. Planen Sie mindestens 10 m² pro Huhn ein. Im Sommer hat die Natur viel zu bieten, doch im Winter wird die Nahrung auf engem Raum knapp. Das erhöht die Futterkosten. Zudem sind kleine Flächen rasch verschlammt und mit Kot verdreckt, müssen oftmals täglich gereinigt werden und sind optisch wenig ansprechend. Es fehlt der Platz für eine gute Strukturierung, sodass die Hühner wenig Abwechslung haben und ihren Erkundungsdrang nicht ausleben können. Gartenfreilauf wäre ideal, kann jedoch zu Ärger mit den Nachbarn führen. Hühner kennen keine Grundstücksgrenzen! Ein ausbruchsicherer Auslauf ist hier die bessere Lösung und vermeidet Streit. Er sollte nicht Richtung Norden liegen, sondern reichlich Sonne, aber auch Schattenplätze bieten.

Ist Ihr Garten groß genug, lohnt sich eine Wechselweide. Hierbei teilen Sie den Auslauf in mindestens zwei, besser noch drei Einzelbereiche auf, die nacheinander genutzt und zwischendurch gereinigt und gemäht werden. So kann sich die Hühnerschar regelmäßig über Abwechslung und neue Nahrungsquellen freuen, während sich die Grasnarbe im zuvor benutzten Terrain erholt. Gleichzeitig wird dabei der Lebenszyklus einiger Hühnerparasiten unterbrochen.

STRUKTUR MUSS SEIN

Hühner sind von Natur aus Wald- und Buschbewohner. Sie legen zwar täglich große Strecken zurück, meiden aber offenes Gelände. Deshalb sollten Sie den Auslauf gut strukturieren. Verschiedene Untergründe sehen nicht nur toll aus, sondern erleichtern auch die Reinigungsarbeiten.

◈ ***Wellnessbereich:*** Was den Enten ihr Teich, ist den Hühnern ihr Staubbad. Bieten Sie eine attraktive Badezone an, dann bleiben Ihnen unliebsame Schlaglöcher im Auslauf

Hühner bewegen sich am liebsten im Schutz von Bäumen, Büschen und Sträuchern. Freie Flächen ohne Bepflanzung oder andere Versteckmöglichkeiten werden dagegen oft gemieden.

vielleicht erspart. Eine Umrandung aus Holzpalisaden oder einfachen Brettern sorgt dafür, dass der Sand bleibt, wo er hingehört. Auch eine ausrangierte Sandkiste der Kinder oder ein alter Traktorreifen erfüllen ihren Zweck. Damit die Hühner auch bei Regen in Ruhe ihrer Gefiederpflege nachgehen können, ist eine Überdachung sinnvoll.

- ***Ruhezone:*** Ein Unterstand bietet nicht nur Schutz vor Greifvögeln, sondern auch vor Wind und Wetter. Das Dach kann zugleich als Beobachtungsposten dienen. Die häufige Benutzung verlangt nach einem leicht zu reinigenden Boden. Beton- oder Gehwegplatten sind eine gute Wahl.
- ***Wasserstelle:*** Eine hübsch hergerichtete Wasseroase im Schatten eines Baumes oder Strauches erfreut sich als zusätzliche Tränkestelle gerade im Sommer großer Beliebtheit bei den Hühnern und ist zugleich Blickfang im Garten.
- ***Schattenplätze:*** Fehlt es an natürlichen Schattenspendern, sollten Sie über eine Anpflanzung nachdenken. Doch schützen Sie die jungen Triebe vor den eifrigen Hühnerschnäbeln und -krallen. Als Zwischenlösung können überdachte Bereiche, Sonnensegel, Zelte aus belaubten Zweigen und kleine Brennnesselplantagen vor allzu viel Hitze, aber auch vor Angreifern aus der Luft schützen.
- ***Sonneninsel:*** Legen Sie den schönsten Sonnenplatz mit Rasengittersteinen aus. So können die Hühner nicht scharren, aber trotzdem vom leckeren Grün naschen.

Hühner sind unternehmungslustig und erkunden jede Ecke des Auslaufs. Bietet sich eine günstige Gelegenheit, setzen sie ihre Expeditionen nur zu gern auch jenseits des Zaunes fort.

- ***Aussichtsplätze:*** Die Wächter haben gern ihre Umgebung im Blick. Nicht umsonst thronte der Hahn früher auf dem Misthaufen, dem höchsten Platz auf dem Hof. Schaffen Sie für Ihre Hühner verschiedene Aussichtsplätze, wie z. B. eine einfache Kiste, aufgeschichtetes Holz, einen Haufen mit Reisig oder auch nur eine umgedrehte Schubkarre.
- ***Scharrfläche:*** Lenken Sie den Scharrtrieb Ihrer Hühner in die richtigen Bahnen, indem Sie ihnen einen größeren Bereich mit lockerem Bodensubstrat anbieten. Er sollte halb sonnig, halb schattig gelegen sein, damit ihn die Tiere jederzeit nutzen können. Vielleicht bleibt dann der restliche Rasen von allzu heftigen Umwälzaktionen verschont.
- ***Schlemmerbereich:*** Unter Obstbäumen finden sich immer Leckereien für zwischendurch. Ob Kirschen, Äpfel oder Pflaumen – die Fallobstentsorgung übernehmen Ihre Hühner mit Freuden. Auch Sträucher und Büsche sind im Auslauf ideal. Sie schützen vor Sonne und Zugluft, spendieren leckere Beeren und dienen zahlreichen schmackhaften Insekten als Lebensraum. Gegen ein kleines Nickerchen im Schutz der Vegetation ist auch nichts einzuwenden.
- ***Stalleingang:*** Damit der strapazierte Eingang zum Stall nicht verschlammt, können Sie Rasengittersteine oder Gehwegplatten verlegen. Positiver Nebeneffekt – der »Fußabtreter« hält Einstreu, Legenester und Eier sauber.

EINZÄUNUNG

Kein Huhn raus, kein Jäger rein – das ist die wichtigste Funktion, die ein Zaun erfüllen sollte. Eine Rundumsicherung lässt sich bei einem großen Auslauf allerdings nicht realisieren. Daher bleibt immer ein Restrisiko *(→ Seite 73)*.
Das Material ist eine Frage des Geschmacks, der Haltbarkeit, der Stabilität und der erforderlichen Zaunhöhe. Letztere richtet sich nach der Flugtauglichkeit Ihrer Hühnerrassen. Bei bodenständigen Tieren reicht zumeist eine Höhe von etwa 1 m aus, bei unternehmungslustigen Fliegern sollte der Zaun jedoch mindestens 1,80 m hoch sein. Bei einer Wechselweide können Sie Geld sparen, indem Sie nicht alle Abteilungen einzäunen, sondern zu einem versetzbaren Zaun greifen, der sich kinderleicht umstecken lässt. Achten Sie bei Küken auf Maschengröße oder Gitterabstände, denn sie schlüpfen durch die kleinste Lücke!

SECURITY-CHECK

Hühner sind von Haus aus Beutetiere. Auch in der Obhut des Menschen drohen ihnen Gefahren. Treffen Sie umfangreiche Sicherheitsvorkehrungen, damit kein Fressfeind in den Stall oder Auslauf eindringen, aber auch kein Huhn heimlich türmen kann.

KLASSISCHE JÄGER

Gerade auf dem Land müssen Sie mit einem Überfall rechnen! Zu den klassischen Jägern am Boden gehören Fuchs, Waschbär, Ratte, Marder und Co. Viele von ihnen können prima klettern, springen und buddeln. Zudem verfügen sie über ein ausgezeichnetes Gebiss, das selbst vor dünnem Draht nicht zurückschreckt. Greifvögel wie Habicht und Milan warten vor allem am Stadtrand und auf dem Land auf eine günstige Gelegenheit, um aus der Luft blitzschnell zuzustoßen. Die gefährlichste Zeit ist der Winter, wenn andere Nahrungsquellen versiegen. Auch während der Aufzucht der Jungtiere schnappen sich die Jäger alles, was ihnen vor Maul und Schnabel kommt. Einige schlagen nur nachts, andere auch tagsüber zu. Mitleid zeigt keiner von ihnen. Einmal in Rage, töten sie oft nicht aus Hunger, sondern richten ein fürchterliches Massaker an. Selbst Hund und Katze können den Hühnern zum Verhängnis werden, denn sie besitzen einen ausgeprägten Jagdtrieb. Ihre Haustiere sind vielleicht gut erzogen und wurden langsam an die neuen Mitbewohner im Garten gewöhnt. Doch was ist mit den Tieren aus der Nachbarschaft oder Streunern?

AUF NUMMER SICHER

Domestizierte Vögel können sich kaum selbst schützen. Die Hauptverantwortung liegt bei Ihnen als Halter. Sie können einiges tun, damit ihr lieb gewonnenes Federvieh nicht zum Opfer eines Fressfeindes wird. Entscheiden Sie selbst, welche Vorkehrungen in Ihrer Wohngegend nötig sind.

Alles dicht?

Der Hühnerstall muss rundum abgesichert sein. Kleine Wiesel schlüpfen sogar durch größere Astlöcher. Sichern Sie die Belüftungsschlitze mit bissfestem Draht. Halten Sie Türen, Fenster und Hühnerklappen nachts fest verschlossen. Benutzen Sie zum Absperren keine einfachen Haken, sondern Riegel. Schlösser halten auch zweibeinige Eier- und Hühnerdiebe fern. Kontrollieren Sie regelmäßig die Stallsicherheit, denn Wind und Wetter hinterlassen Spuren.

Umzäunung

Der Zaun sollte möglichst hoch sein und nicht unmittelbar an Bäumen, Sträuchern oder Bauten vorbeiführen, die Ein- oder Ausbrechern als Sprungbrett dienen könnten. In stark gefährdeten Gebieten ist ein Elektrozaun hilfreich. Sichern Sie die Umzäunung gegen Untergraben, indem Sie gefährdete Bereiche, an denen die Hühner oft scharren, mit Platten auslegen oder täglich auf Grabeaktivitäten achten. Ist der Auslauf überschaubar, kann eine Netzabdeckung Schutz vor Angriffen aus der Luft bieten. Befreien Sie das Netz regelmäßig von Laub und Schnee und kontrollieren Sie die Befestigung nach jedem Sturm. Alternativ können Sie den Auslauf mit Fäden überspannen und zusätzlich ausgediente CDs aufhängen, die den Angreifer durch Lichtreflexion irritieren. Insbesondere große Ausläufe brauchen viele gut verteilte Verstecke und Unterschlupfmöglichkeiten, in die die Hühner bei Gefahr flüchten können. Auch eine Vogelscheuche wirkt manchmal Wunder.

OUTDOOR-

EQUIPMENT

Ein großzügiger Auslauf bietet viel Raum für Struktur und Einrichtung. So wird Ihr Garten nicht zur Steppenlandschaft, sondern zu einem natürlichen und interessanten Lebensraum, der Mensch und Federvieh erfreut.

HOCH HINAUS

Hühner behalten gern den Überblick. Deshalb sollten höher gelegene Aussichtsplätze nicht fehlen. Bei mangelndem Flugtalent kann eine kleine Holztrittleiter den Aufstieg erleichtern.

MARKE EIGENBAU

Ein Unterstand, der Ihre Hühner vor Wind und Wetter, aber auch vor Greifvogelattacken schützt, sollte in keinem Auslauf fehlen. Große Baumeistertalente sind hier nicht gefragt. So reicht z. B. ein einfaches Holzgerüst mit einer Verkleidung aus Schilfrohr- oder Weidenmatten völlig aus.

NATUR PUR

Aus belaubten Ästen oder Tannenzweigen lässt sich im Handumdrehen ein natürlicher Unterschlupf bauen, der Ihre Hühner zuverlässig vor Wind, Sonne und Regen schützt. Das Zelt aus Naturmaterialien gibt es zum Nulltarif und wird von den Hühnern gern angenommen.

GUT GETARNT

Im Schutz der Vegetation können Ihre Hühner relativ gefahrlos umherwandern und jede Ecke des Auslaufs erkunden. Bäume, Sträucher und Büsche dienen zugleich als Windschutz, spenden wohltuenden Schatten und liefern die eine oder andere zusätzliche Futterration.

IMMER FRISCH

Wasser sollte Ihren Hühnern rund um die Uhr und in ausreichender Menge zur Verfügung stehen. Es wird für die Aufrechterhaltung der Körperfunktionen, aber auch für die Eibildung benötigt. Ist die Tränke noch nicht leer, sollten Sie keinesfalls frisches Wasser nachgießen, sondern vorher den Behälter entleeren, kurz ausspülen und dann erst neu auffüllen. Sonst können sich Keime ansammeln.

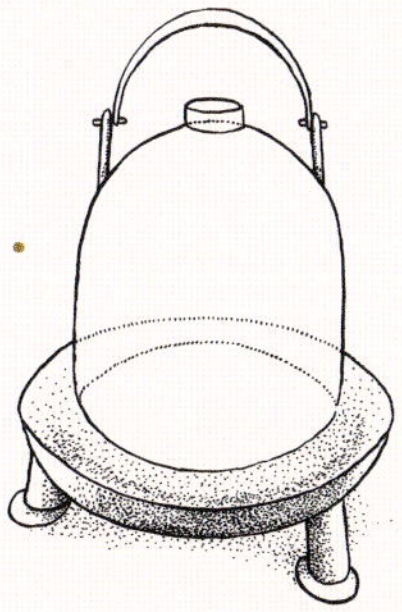

ALLROUNDER

Pflanzsteine können auf vielfältige Weise Verwendung finden. Dicht aneinandergereiht entsteht ein sicheres Tunnelversteck. Übereinander aufgeschichtet, bieten sie Sitzgelegenheiten in unterschiedlicher Höhe. Auch eine Bepflanzung mit verschiedenen Kräutern kommt bei den Hühnern prima an.

SCHAUKELSPASS

Wer ist der Erste? Ob gekauft oder selbst gebaut, ob als Ein- oder Doppelsitzer – der schwingende Hochsitz ist bei vielen Hühnern überaus beliebt, denn er erlaubt einen guten Überblick. Zur Eingewöhnung sollten Sie die Schaukel nicht allzu hoch aufhängen, sondern den Abstand zum Boden erst nach und nach vergrößern.

BADEINSEL

Ob alter Autoreifen, ausrangierte Sandkiste oder schicker Eigenbau – Hauptsache, Ihre Hühner haben eine passende Möglichkeit zum Sandbaden. Eine Überdachung schützt vor Nässe und spendet Schatten. Im Winter sollte den Hühnern auch im Stall ein Sandbad zur Verfügung stehen.

WENN HÜHNER TÜRMEN

WEGGELAUFEN ODER AUSGEFLOGEN?

Die Ursachen für eine Flucht können ganz unterschiedlicher Natur sein – ein alarmierendes Geräusch, der spontane Besuch von Nachbars Hund oder Katze, ein Angriff aus luftiger Höhe. Vielleicht ist aber auch das Gras hinter dem Zaun so viel grüner, oder ein Huhn hat einen besonders ausgeprägten Freiheitsdrang ...

AUS- UND EINBRECHER

Nicht nur Räuber, auch Hühner wissen Lücken im Sicherheitssystem zu nutzen! Vielleicht lockt eine nicht verschlossene Tür zum Spaziergang nach draußen. Manchmal scharren sich die Tiere auch unter dem Zaun durch oder fliegen darüber. Der Angriff von einem Fressfeind spornt Hühner zu Höchstleistungen an, sodass sie auch hohe Barrieren überwinden. Wie auch immer – draußen ist es gefährlich, darum gilt es den Ausbrecher rasch aufzustöbern.

Je leichter ein Huhn ist, umso besser sind seine Flugeigenschaften. Ob das Tier sie nutzt, ist abhängig von der Rasse und dem Charakter.

FANGTECHNIK

Damit nicht noch mehr Hühner türmen, sollten Sie zuerst die Sicherheitslücke finden und, wenn möglich, schließen. Dann kann die Suche nach dem Ausbrecher starten. Zahme Tiere entfernen sich nicht weit von der Herde und lassen sich mit einer Leckerei anlocken. Vorsätzliche Ausbrecher entfernen sich auch gern mal etwas weiter. Gemüsebeete sind ein ebenso beliebtes Ausflugsziel wie ein nahe gelegener Bachlauf oder Nachbars Hecke. Haben Sie den gefiederten Gesellen gesichtet, sollten Sie keinesfalls direkt auf ihn zustürmen. Das versetzt ihn nur in Panik, und jede Wette – er ist schneller als Sie. Treiben Sie das Huhn mit ausgebreiteten Armen langsam in eine Ecke. Soll es sich nach rechts bewegen, strecken Sie nur den linken Arm aus, soll es sich nach links bewegen, nur den rechten Arm. In der Ecke angekommen, halten Sie den Ausbrecher mit ausgebreiteten Armen in Schach, nähern sich langsam und greifen bei der ersten Gelegenheit zu. Umfassen Sie mit beiden Händen die Flügel, damit er nicht flattern kann. Gerät das Huhn in Panik, sollten Sie es nicht sofort hochnehmen, sondern einige Minuten am Boden halten, bis es sich beruhigt hat. Der Einsatz von Fanggeräten wie Kescher, Fangnetz und Haken ist in der Hobbyhaltung unnötig.

STEP BY STEP

FEDERN KÜRZEN

Wenn ein Huhn regelmäßig davonflattert, sich womöglich noch in Nachbars Garten über das Gemüsebeet hermacht oder sich fremden Hunden als leichte Beute präsentiert, sollten Sie Konsequenzen ziehen. Ein kurzer Friseurtermin schafft rasch Abhilfe.

Stutzen Sie immer nur einen Flügel. Dadurch gerät das Tier bei Flugversuchen aus dem Gleichgewicht und lässt sein Unterfangen schnell wieder bleiben.

Die Suche und das anschließende Einfangen eines ausgebüxten Huhns sind nicht nur ärgerlich und zeitraubend für den Halter, es bedeutet auch jede Menge Stress für das Tier. Bevor Sie jedoch zu drastischeren Mitteln greifen, sollten Sie versuchen, die Sicherheitslücke zu schließen, indem Sie den Zaun erhöhen oder zu einer Netzabdeckung greifen. Ist das nicht möglich, hilft nur das Flügelstutzen.

Diese Prozedur ist für das Huhn nicht schmerzhaft, sondern ähnlich dem Haareschneiden bei uns Menschen. Lediglich die Optik leidet, dafür ist es mit den verbotenen Ausflügen vorbei. Denken Sie daran, dass die Federn mit der Mauser nachwachsen und damit die Flugtauglichkeit wiederhergestellt ist. Doch meist hat der Flüchtling bis dahin seine unerwünschte Leidenschaft abgelegt.

1

Umfassen Sie mit einer Hand den Körper des Huhns unter dem äußeren Flügel und drücken Sie ihn sanft an den eigenen Körper. Mit der anderen Hand fixieren Sie die Beine (Seite 35).

2

Breiten Sie den zu schneidenden Flügel vorsichtig wie einen Fächer aus. Ist das Huhn unruhig, sollte ein Helfer das Ausbreiten und anschließende Schneiden der Federn übernehmen.

3

Kürzen Sie mit einer scharfen, sauberen Schere die Schwungfedern entlang der eingezeichneten Linie. Die beiden äußeren Federn bleiben stehen, damit das Huhn den Flügel weiterhin seitlich am Körper anlegen und abstützen kann.

VON WEGEN DUMMES HUHN

CLEVER, EINFÜHLSAM UND KOMMUNIKATIV

Das Gehirn eines Huhns ist nicht größer als eine Walnuss. Wie viel Grips kann da schon drinstecken? Weit mehr, als man bislang dachte, denn neue Erkenntnisse förderten Erstaunliches zutage. Hühner haben nicht nur im Vergleich zu anderen Vögeln den Schnabel vorn, sondern konkurrieren sogar erfolgreich mit Primaten.

Lange Zeit hielt man Hühner für dumm und keiner näheren Erforschung würdig. Anfang der 1920er-Jahre entdeckte ein norwegischer Forscher erstmals die Hackordnung auf dem Hühnerhof. Es dauerte weitere 30 Jahre, bis es amerikanischen Wissenschaftlern gelang, die Lautsprache der Tiere zu entschlüsseln. Mittlerweile weiß man, dass Hühner über ein sehr komplexes Kommunikationssystem verfügen. Sie können aber nicht nur wichtige Informationen austauschen, sondern auch gezielt vorenthalten oder aus Eigeninteresse verfälschen. Zudem besitzen sie wie Primaten die Fähigkeit, Entscheidungen aufgrund von Erfahrungen und situationsabhängig zu treffen.

CLEVER UND TRICKREICH

So sind Küken erwiesenermaßen Mathegenies auf Kleinkindniveau. Sie können Mengen unterscheiden und geometrische Objekte erkennen. Das Zählen erfolgt wie bei uns von links nach rechts. Rangniedere Hähne wiederum greifen gern zu Täuschungsmanövern und Tricks, um bei der Damenwelt zu punkten. So locken sie beim Auffinden von Futter die Hennen zwar mit dem dafür typischen Verhalten an, verzichten dabei jedoch auf die üblichen Rufe. So bleibt dem obersten Chef das heimliche Stelldichein verborgen.

MITFÜHLEND UND DISZIPLINIERT

Hühner sind aber auch sehr emotional und einfühlsam. So entwickeln Glucken Stresssymptome beim Anblick ihrer Küken, deren Flaum durch einen Windstoß zerzaust wird. Dies zeigt, dass sich Hühner wie nur wenige andere Arten (Primaten, Raben) in ihre Artgenossen hineinfühlen können. Zudem verfügen sie über ein gewisses Maß an Selbstkontrolle: In Erwartung eines attraktiveren Futters sind sie durchaus fähig, ihren Pickinstinkt im Zaum zu halten!

Überraschungsbox: Hühner sind von Natur aus neugierig. Ein mit Papier gefüllter Karton erregt sofort ihre Aufmerksamkeit. Vor allem, wenn sich auch Leckereien darin verbergen.

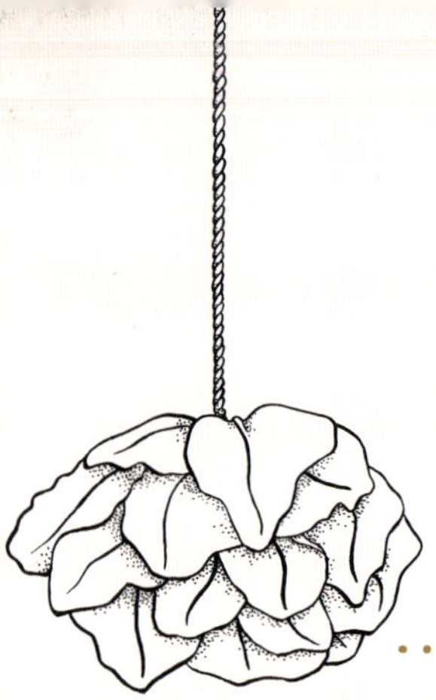

UND ACTION, BITTE!

UNTERHALTSAMER FUTTERSPASS

Ein kleiner Auslauf ist rasch durchstöbert. Damit sich Hühner nicht langweilen, brauchen sie regelmäßig neue Herausforderungen. Kreative Futterspiele, bei denen die Tiere Geschick und Grips unter Beweis stellen können, sorgen für spannende Unterhaltung.

IMMER IN BEWEGUNG

Salat- und Kohlblätter bündeln oder in ein grobmaschiges Netz füllen und mit einer Schnur an der Stalldecke aufhängen. Die frei schwingende Grünkost sorgt für Abwechslung und Bewegung.

AUF DISTANZ

Haben Kinder Angst davor, die Hühner direkt aus der Hand zu füttern, sind Distanzspiele eine willkommene Möglichkeit, sich langsam anzunähern. Sie können beispielsweise einen Stock als Angelrute nutzen und die Hühner mit gekochten Spaghetti, Gemüseresten oder anderen Leckereien ködern.

FARBANALYSE

Drei verschiedenfarbige Becher, doch nur unter einem verbirgt sich eine Leckerei. Anfangs wird das Huhn alle Becher umschubsen und kontrollieren. Doch dank seiner schnellen Auffassungsgabe begreift es im Nu, dass es nur unter dem blauen Becher etwas zu picken gibt.

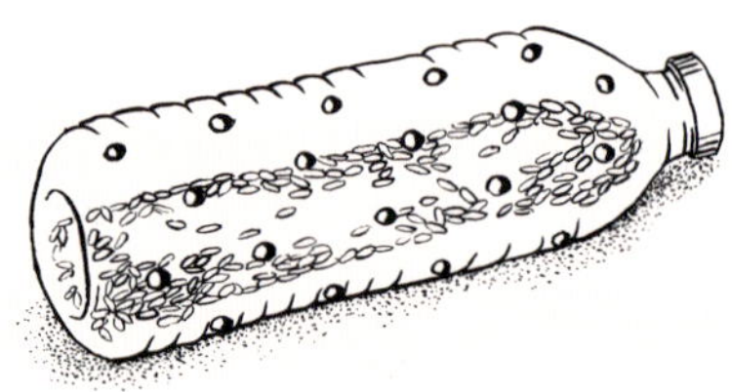

SELBST GEMACHT

Befüllen Sie eine leere Plastikflasche mit Körnern, dann verschließen und mit einer Schere so große Löchern hineinpiksen, dass die Körner beim Bewegen der Flasche herausfallen. Welches Huhn beweist sich als guter Kicker und schnappt sich die Belohnung?

ZIEH LEINE!

Fädeln Sie verschiedene Leckerbissen auf eine Schnur. Das können Möhren-, Kohlrabi-, Gurken- und Zucchinischeiben, Salat- und Kohlblätter, Apfel- und Birnenringe, Maiskolben, aber auch bunte Kräutersträußchen sein. Hängen Sie die Schnur an einem schattigen Plätzchen im Auslauf oder im Stall gerade so hoch auf, dass sich Ihre Hühner auch mal strecken oder sogar hüpfen und flattern müssen.

MIT GESCHICK

Befüllen Sie den Snackball mit einer Körnermischung und legen Sie ihn in den Auslauf. Jede Wette, dass Ihre Hühner das Funktionsprinzip im Nullkommanichts verstanden haben! Unter Einsatz von Schnabel und Füßen wird der Ball hin und her bewegt, bis die Leckereien nach und nach herauspurzeln.

REINE KOPFSACHE

Hängen Sie einen Kohlkopf mithilfe einer Schnur an einen Baum im Auslauf oder an der Stalldecke auf. Es wird bestimmt nicht lange dauern und Ihre Hühner machen sich über das leckere Frischfutter her. Die Aufhängung erhöht die Anforderung. Alternativ können Sie auch Kopfsalat, Brokkoli oder Blumenkohl verwenden.

VOLLER DURCHBLICK

Verstecken Sie ein paar Körner unter einem durchsichtigen, leichten Gefäß. Das kann z. B. eine halbierte Plastikflasche, eine alte Verpackung oder ein Pflanzhütchen sein. Wie lange dauert es wohl, bis Ihre Hühner die Sache wirklich durchschauen und die leckere Belohnung in ihrem Kropf landet?

AUF EINEN CLICK

CLICKERTRAINING FÜR HÜHNER

Für Hunde und Katzen ist der Knackfrosch nichts Neues. Selbst Kaninchen und Co. haben den Dreh längst raus. Doch hätten Sie gedacht, dass auch Hühner für das Clickertraining sehr empfänglich sind? Na klar, so können sie wenigstens zeigen, was in ihnen steckt. Dabei fungieren sie nicht nur als Schüler, sondern sind auch als Lehrer erprobt.

ES HAT CLICK GEMACHT

Fast jeder kennt ihn – den Knackfrosch. Das unscheinbare Blechteil, das nichts anderes kann, als durch den Druck auf eine Stahlfeder »Klick-Klack« zu machen, ist ein wichtiger Bestandteil beim Training. Doch wozu ein Clicker? Man kann doch auch pfeifen oder auf einen Kugelschreiber drücken. Die Antwort ist einfach: Der Knackfrosch macht immer das gleiche, charakteristische Geräusch und ist damit unverwechselbar. Zudem kostet er nur wenige Euro.

Klingeln auf Kommando? Kein Problem für Hühner! Doch verlangen Sie nichts, was dem natürlichen Verhalten der Tiere widerspricht.

CLICKERTRAINING

Das Clickertraining ist eine einfache Methode, um Tieren bestimmte Verhaltensmuster zu lehren. Doch wer braucht schon trainierte Hühner? Hier geht es jedoch um weit mehr: Zum einen macht die Interaktion mit dem gelehrigen Federvieh jede Menge Spaß, zum anderen sind Hühner die perfekten Trainingspartner für Menschen, die das Clickern erlernen wollen. Da das Picken zu ihren Grundbedürfnissen gehört, besitzen Hühner ein großes Durchhaltevermögen und können über viele Stunden konzentriert arbeiten. Dabei legen sie ein Tempo an den Tag, das die gesamte Aufmerksamkeit ihres Trainers fordert. Als Trainingsziel ist alles erlaubt, was den Umgang miteinander erleichtert, die Hühner fordert und fördert, und natürlich beiden Seiten Spaß macht. Das kann z. B. Folgendes sein:

- auf einen Tisch hüpfen (für den regelmäßigen Check-up)
- auf Zuruf kommen (erspart das stressige Einfangen)
- unterschiedliche Farben und Formen erkennen
- im Slalom laufen
- einen kleinen Wagen ziehen
- einen Ball anstupsen
- einen Kegel umwerfen
- ein Instrument »spielen«

STEP BY STEP

CLICKERPRAXIS

Hühner sind viel intelligenter, als man bislang dachte. Ihre schnelle Auffassungs- und Kombinationsgabe zeigen sie eindrucksvoll beim Clickertraining. In Sachen Geschwindigkeit sind sie ihrem Lehrer auch schon mal weit voraus. Probieren Sie es einfach aus!

Das Klickgeräusch gibt dem Huhn unmittelbar im Moment der gewünschten Bewegung zu verstehen, dass es etwas richtig macht.

Bevor man mit dem eigentlichen Training beginnen kann, muss das Huhn erst einmal lernen, dass jeder Click eine Belohnung bedeutet. Betätigen Sie darum mit einer Hand den Clicker und bieten Sie dem Huhn mit der anderen Hand unmittelbar danach Körner an. Wiederholen Sie diesen Vorgang in kurzen Intervallen und über mehrere Tage. Für den späteren Trainingserfolg ist es immens wichtig, dass Click und Belohnung zeitnah erfolgen, damit das Huhn den Zusammenhang zwischen dem gewünschten Verhalten und der Belohnung dafür erkennt. Gar nicht so leicht, zumal sich Hühner sehr schnell bewegen. Der Click darf keinesfalls zeitgleich mit der Futtergabe erfolgen, sonst konzentriert sich das Huhn nur auf das Leckerli. Gleiches gilt, wenn die Belohnung zu spät nach dem Click erfolgt.

1

Sie brauchen einen funktionierenden Clicker, einen kleinen Vorrat an leckeren Körnern und natürlich ein lernwilliges Huhn. Zudem ist schnelles Reaktionsvermögen gefragt.

2

Bieten Sie dem Huhn die Schale mit Körnern an. Sobald es ein Korn gepickt hat, betätigen Sie den Clicker und nehmen die Schale wieder weg. Wiederholen Sie den Vorgang mehrmals.

3

Hat das Huhn das Prinzip erst einmal verstanden, können Sie nun mithilfe des Clickers positives Verhalten zeitnah bestätigen. Kommt ein Huhn beispielsweise auf Zuruf blitzschnell angeflitzt, wird sofort geklickt und dann entsprechend belohnt.

SERVICE MIT HERZ

DAS RUNDUM-SORGLOS-PAKET FÜR ERNÄHRUNG, PFLEGE UND GESUNDHEIT

Sie wohnen komfortabel, werden liebevoll betreut, ausgewogen ernährt und profitieren regelmäßig von einer umfassenden Gesundheitsvorsorge. Hühner bereichern unser Leben und genießen dafür Service mit Herz.

PICK, PICK, PICKNICK

EINE REISE DURCH DEN KÖRPER

Die Verdauung der Hühner ist perfekt auf das Vogelleben abgestimmt. Eine zügige Futteraufnahme und -verwertung sind dabei genauso wichtig wie der schnelle Abwurf von unnötigem Ballast. Das Eigengewicht spielt immer noch eine besondere Rolle, auch wenn unsere Hühner nur selten vom Boden abheben.

SCHNABELTECHNIK

Das Futterpicken und Wassertrinken muss von den Hühnern nicht erlernt werden. Ist der nährende Dottersack wenige Stunden nach dem Schlupf aufgebraucht, picken auch Küken schon munter drauflos. Für die Wasseraufnahme nutzen Hühner ihren Schnabel als Schöpfkelle. Sie tauchen ihn tief ins Wasser ein und legen dann ruckartig den Kopf in den Nacken. So kann die Schwerkraft ihre Arbeit verrichten, und das Wasser rinnt die Kehle hinunter.

ZÜGIGE VERDAUUNG

Die Mundhöhle eines Huhns enthält keine Zähne. Mit der Zunge wird die Nahrung in die Speiseröhre befördert, die sich im unteren Abschnitt zum Kropf weitet. Dank diesem Zwischenlager kann das Huhn große Nahrungsmengen auf Vorrat zu sich nehmen. Im Kropf wird das Futter mittels Drüsensekreten eingeweicht und dann portionsweise in den Magen weitergeleitet. Dieser besteht aus dem Drüsenmagen, der die Magensäfte bildet, und dem Muskelmagen, in dem die Nahrung durch das abwechselnde Zusammenziehen verschiedener Muskeln mit den Magensäften vermengt und zerrieben wird. Die Hühner schlucken regelmäßig kleine Steine, die die mechanische Zerkleinerung des Futters im Muskelmagen unterstützen. Der Nahrungsbrei wird dann in den Dünndarm weiterbefördert und dort mithilfe von Gallenflüssigkeit und Bauchspeicheldrüsensekreten weiter zerlegt. Am Übergang in den Dickdarm befinden sich zwei Blinddärme, deren Bakterien den Aufschluss der Nahrung fördern. Im Dickdarm wird dem Darminhalt ein Großteil des Wassers entzogen, bevor der Kot über die Kloake, in der Verdauungstrakt, Harnwege und Genitaltrakt zusammenlaufen, ins Freie gelangt.

Hervorragendes Tastinstrument: Der Hühnerschnabel nimmt das Futter auf, manövriert es geschickt in die richtige Lage und befördert es mit einer ruckartigen Bewegung in den Schlund.

DIE MISCHUNG MACHT'S

VIELSEITIG, AUSGEWOGEN UND GESUND

Um es gleich vorwegzunehmen: Einen allgemein gültigen Futterplan, der für alle Hühner gleichermaßen passt, gibt es nicht. Hier spielen viele Faktoren wie das Alter, die Haltungsform, die Nutzungsrichtung, der Gesundheitszustand und sogar die Jahreszeit eine wichtige Rolle. Trotzdem ist die gesunde Ernährung Ihrer Hühner kein Hexenwerk.

SPEISEKARTE IN DER NATUR

Bei der Ernährung von Haustieren sollten Sie sich grundsätzlich an der Speisekarte ihrer wilden Verwandtschaft orientieren. Sie verrät viel über die Bedürfnisse und Vorlieben unserer Pfleglinge. Hühner sind von Natur aus Allesfresser. Sie ernähren sich vorwiegend von Pflanzen und Sämereien, Beeren und Früchten sowie allerlei kleinem Getier wie Insekten, kleinen Schnecken, Würmern und Käfern. Selbst kleine Mäuse verachten sie nicht. Mit dieser bunten und vielseitigen Nahrungspalette decken sie ihren Bedarf an Kohlenhydraten, Fetten, tierischem und pflanzlichem Eiweiß, Vitaminen und Mineralstoffen gut ab.

Tausche Körner gegen Eier: Eine ausgewogene Ernährung hält Ihre Hühner fit und gesund und wirkt sich positiv auf die Legeleistung aus..

GANZ INDIVIDUELL

Ein Schema F gibt es bei der Hühnerfütterung nicht. Bei der Zusammenstellung des Speiseplans und der erforderlichen Menge sollten Sie folgende Faktoren berücksichtigen.

- ***Lebensalter:*** Küken und Jungtiere haben einen anderen Nährstoffbedarf als erwachsene Hühner. Für eine gesunde Entwicklung brauchen Küken eine spezielle Babynahrung, die sie gut aufnehmen können. Prima geeignet ist eine Mischung aus gemahlenem Getreide, Haferflocken und Mohn. Dazu können Sie klein geschnittenes Grünfutter wie Löwenzahn geben. Auch zerdrückte hart gekochte Eier sind bei den Kleinen beliebt. Für ein gesundes Wachstum mischen Sie etwas Bierhefe unter. Ab der achten Lebenswoche ist für Junghennen eine eiweißärmere Kost angesagt, sonst wachsen die Tiere zu schnell. Die jungen Hähne erhalten das gleiche Futter wie die Alttiere.
- ***Gewicht:*** Je nach Rasse bringen die Hühner mehr oder weniger Pfunde auf die Waage. Schwere Rassen brauchen deutlich mehr Futter als beispielsweise Zwerghühner.

◆ ***Jahreszeit:*** Dürfen Ihre Hühner einen großen Auslauf nutzen, tragen sie nur zu gern selbst zu ihrem Lebensunterhalt bei. Das muss vor allem im Sommer, wenn der Garten viel zu bieten hat, bei der Futtermenge und Rationszusammenstellung berücksichtigt werden. Im Winter ist im Auslauf nicht viel zu holen, doch gerade jetzt ist besonders viel Energie erforderlich. Deshalb darf das Futter nun ruhig etwas kalorienreicher ausfallen (→ *Seite 69*).

◆ ***Gesundheitszustand:*** Kranke Tiere oder Hühner in der Mauser brauchen oftmals eine besondere Päppelkost oder Stärkungsmittel, um wieder zu Kräften zu kommen.

FUTTERKOMPONENTEN

Wie in freier Natur sollte der Speiseplan Ihrer Hühner möglichst abwechslungsreich gestaltet sein. Denken Sie bei der Fütterung daran, dass die Tiere keine Zähne besitzen und das Zerteilen mancher Futtermittel mit dem Schnabel nur schwer zu bewerkstelligen ist. Servieren Sie also immer portionsgerecht und auf den Schnabel zugeschnitten.

◆ ***Körnerfutter:*** Getreide ist der hauptsächliche Energielieferant. Das Körnerfutter kann z.B. aus einem großen Teil Weizen und kleineren Mengen Gerste und Mais bestehen. Es sollte teilweise geschrotet werden, da es dadurch besser zu verwerten ist. Wer eine Schrotmühle besitzt, kann das Futter selbst mahlen und mischen. Alternativ können Sie auf fertiges Schrotfutter mit ausgewogenem Nährstoffverhältnis aus dem Fachhandel zurückgreifen. Mischungen aus ganzen Körnern werden nicht in den Futternapf, sondern in die Einstreu gegeben. So sind Ihre Hühner auch im Stall mit Scharren und Picken beschäftigt. Zur Abwechslung können Sie auch Waldvogel- oder Kanarienfutter anbieten. Damit die Körner im Muskelmagen gut zermahlen werden können, nehmen Hühner im Auslauf kleine Steinchen auf. Unterstützen Sie dies mit Quarzgrit aus dem Fachhandel.

◆ ***Weichfutter:*** Eine gute Grundlage sind eingeweichte Brötchen. Dazu passt, was in der Küche gerade übrig bleibt. Neben gekochten Kartoffeln oder Nudeln kommen z.B. gegartes oder geraspeltes rohes Gemüse, zerkleinertes Obst, gedämpfter Reis, gekochte Eier und Garnelen infrage. Ein hoher Eiweißgehalt unterstützt die Legeleistung der Hennen. Hierzu können Sie auch Schrotfutter untermischen.

WAS, WANN, WO, WIE VIEL?

1 **Futterplatz**: Die Hauptfütterung sollte im Stall erfolgen, da Futter im Auslauf Wildvögel und andere ungebetene Gäste anlockt.

2 **Futtermenge**: Ein 2 kg schweres Huhn braucht pro Tag etwa 125 g Futter. Allgemein gilt: Ist der Futternapf abends leer, waren Sie zu sparsam, ist er noch voll, zu freigiebig.

3 **Morgens**: Eine gute Zeit für die Hauptfütterung, denn der Kropf ist leer. Geben Sie jetzt das Weichfutter, damit es zügig aufgenommen wird. Reste umgehend entsorgen.

4 **Ganztags**: Grünfutter, Gemüse, Obst und Schrot gibt es zu jeder Zeit. Auch Muschelkalk sollte rund um die Uhr bereitstehen.

5 **Abends**: Werfen Sie Ihren Hühnern zum Tagesabschluss noch eine Körnerration direkt in die Einstreu.

IM LAUFE DER ZEIT BEKOMMEN SIE SELBST EIN RICHTIG GUTES GESPÜR DAFÜR, WAS IHRE HÜHNER TATSÄCHLICH BRAUCHEN.

Aus biologischer Sicht ist es unerheblich, wann Sie Ihre Hühner füttern, denn sie picken fast den ganzen Tag. Es hat sich jedoch bewährt, einen bestimmten Rhythmus einzuhalten.

- ***Frischfutter:*** Hühner fressen fast alles, was der Auslauf so hergibt. Neben allerlei Getier, das sie mit hochwertigem Eiweiß versorgt, nehmen sie auch große Mengen Gräser und Kräuter auf. Löwenzahn, Gänseblümchen und Vogelmiere sind besonders beliebt. Ist der Platz für eine Wechselweide (→ *Seite 71)* zu klein, wird der Auslauf rasch zur Steppe. Damit die Hühner trotzdem nicht auf ihre Grünfutterration verzichten müssen, können Sie kurz geschnittenes Gras in einer Raufe anbieten. Auch Frischkost aus dem Garten wie geschossener Salat, Spinat- und Kohlabfälle werden ruck, zuck verputzt. Ebenso geraspelte Möhren und Kohlrabi sowie Gurken und Zucchini. Sofern sich Ihre Hühner nicht selbst an Bäumen und Sträuchern bedienen können, freuen sie sich auch über eine Handvoll Beeren, Kirschen oder anderes Obst als zusätzliche Vitaminlieferanten – im Sommer gern auch gekühlt. Wird im Winter das Angebot an Kleingetier karg, können Sie Ihre Hühner mit Mehlwürmern aus dem Fachhandel bei Laune halten.
- ***Muschelkalk:*** Zur Bildung einer festen Eierschale brauchen die Hühner Kalk. Damit nicht die eigenen Knochen als Kalziumquelle herhalten müssen, sollten Sie jederzeit Muschelkalk in einem separaten Napf anbieten. Die Hühner wissen selbst am besten, wann sie sich zu bedienen haben.
- ***Wasser:*** Hühner brauchen täglich frisches Wasser. Zwar bedienen sie sich auch gern an Pfützen und Regentonnen, aber die Tränken sollten Sie sauber halten und mit klarem Leitungswasser befüllen. Über die Tränke lassen sich auch verschiedene Hausmittel verabreichen (→ *Seite 139)*, im Winter vorzugsweise warm. Im Sommer besteht ein erhöhter Flüssigkeitsbedarf. Je nach Zahl der Hühner sind dann mehrere Wasserstellen in Stall und Auslauf erforderlich.

ALLEINFUTTER

Ob für Küken, Junghühner oder Alttiere – Alleinfutter sind so konzipiert, dass sie den kompletten Nährstoffbedarf der Tiere abdecken. In der Hobbyhaltung kann das rasch zu Problemen führen, da sich Hühner mit Auslauf teilweise selbst versorgen. Dazu kommt die eine oder andere Leckerei aus der Küche und nicht zuletzt das Körnerfutter zum Anlocken, Belohnen oder zur abendlichen Beschäftigung im Stall. So entsteht unweigerlich ein Überangebot an Nährstoffen, das sich negativ auf die Gesundheit der Tiere auswirken kann. Wägen Sie deshalb genau ab, ob bei Ihrer Haltungsart die Gabe eines Alleinfutters wirklich sinnvoll ist, oder überdenken Sie zumindest die Futtermenge.

/// SCHON GEWUSST? ///

SCHWARZE LISTE

Dieses Futter ist für Ihre Hühner tabu:

- stark gewürzte Speisen
- alkohol- oder koffeinhaltige Reste vom Tisch
- Schimmeliges oder Verdorbenes
- Schokolade und andere Süßigkeiten
- gärender Rasenschnitt
- Avocados
- rohe Kartoffeln und Bohnen
- große Mengen Zwiebeln

ERGÄNZUNGSFUTTER

Im Auslauf gibt es kein Grünfutter und keine Krabbeltiere mehr? Wollen Sie ein bestehendes Unterangebot an Nährstoffen durch ein Ergänzungsfutter aus dem Fachhandel ausgleichen, so gilt es zu überlegen, was Ihre Hühner konkret brauchen. Füttern Sie z. B. nur Körner, sollte das Ergänzungsfutter all die Nährstoffe liefern, die nicht schon im Getreide enthalten sind. Welches Produkt das richtige ist, können Sie also nur entscheiden, wenn dessen Zusammensetzung möglichst genau vom Hersteller angegeben ist.

FUTTERZUSÄTZE

Wenn Hühner kränkeln, sich in der Mauser befinden oder das Nahrungsangebot im Auslauf schon recht karg ist, können Futterzusätze das Wohlbefinden der Tiere fördern und ihre Abwehrkräfte stärken. Empfehlenswert sind z. B. Mineralstoff-Vitamin-Mischungen, Bierhefe und Oreganoöl. Auch ein Schuss Apfelessig im Trinkwasser stärkt das Immunsystem und wirkt zudem noch antibakteriell. Leider mögen nicht alle Tiere den Gesundheitstrank. Bieten Sie deshalb parallel auch immer einfaches Leitungswasser an.

SELBER MACHEN

KNÖDEL UND KEIMSAAT

Sie wollen Ihren Hühnern etwas Gutes tun? Dann setzen Sie am besten regelmäßig Keimsaaten an. Sie enthalten viel Eiweiß, Vitamine, Mineralstoffe und leicht verfügbare Zucker. Für lustigen Futterspaß sorgen bunte Hühnerknödel.

FÜR 6 KNÖDEL BRAUCHEN SIE:

300 g gemahlene oder geschrotete Körner (alternativ: Legemehl), sauberes Wasser, Gräser, Kräuter, Gemüse

1 Nehmen Sie 300 g Schrot oder Legemehl von der täglichen Futterration und vermischen Sie es mit 150 ml Wasser, sodass ein gut formbarer Brei entsteht.

2 Schneiden Sie das Grünfutter und Gemüse sehr klein und mischen Sie es unter den Futterbrei. Für Farbe sorgen bunte Paprikastückchen und Maiskörner.

3 Den Brei gut durchkneten und mit den Händen kleine Knödel formen. Damit sich Ihre Hühner beim Picken etwas anstrengen müssen, können Sie die Knödel auf Stöckchen aufspießen und im Auslauf aufstellen oder mit Bindfaden an Bäumen und Sträuchern aufhängen.

FÜR KEIMSAAT BRAUCHEN SIE:

unbehandelte Getreidekörner, sauberes Wasser, zwei Anzuchtschalen (mit und ohne Bodenlöcher)

1 Die Getreidekörner in der gelöcherten Anzuchtschale unter klarem Wasser abspülen. Anschließend in die geschlossene Schale umschütten, mit lauwarmem Wasser bedecken und über Nacht quellen lassen.

2 Die Körner in die gelöcherte Schale geben und nochmals abspülen. Zum Abtropfen auf die geschlossene Schale aufsetzen. Die Keimsaat offen an einen hellen, warmen Ort ohne direkte Sonneneinstrahlung stellen.

3 Das Abspülen zwei- bis dreimal am Tag wiederholen, damit die Körner nicht austrocknen. Ab dem dritten Tag können die Keimlinge verfüttert werden.

TIPP

Mit mehreren Anzuchtstationen haben Sie für Ihre Hühner immer eine gesunde Leckerei parat.

1

2

IMMER TIPPTOPP

DAS VOLLE PFLEGEPROGRAMM

Hühner sind sehr reinliche Tiere. Einen Großteil ihrer Zeit verbringen sie mit dem Putzen von Haut und Federkleid. Ein gepflegtes Äußeres zeugt von guter Gesundheit und kommt auch bei den Artgenossen prima an. Vor allem der Herr des Hühnerhofs legt immensen Wert auf ein imposantes Erscheinungsbild.

SAND STATT WASSER

Mehrmals täglich badet ein Huhn im Staub. Dafür scharrt es an einem Platz mit lockerem Bodensubstrat eifrig mit den Füßen. Anschließend legt es sich in die entstandene Mulde, plustert sich auf und wirft sich mithilfe von Flügeln und Füßen Erde und Sand ins Gefieder. Die Staubpartikel binden überschüssiges Gefiederfett und verstopfen die Atemwege von Parasiten. Beendet wird das Staubbad durch ein kräftiges Körperschütteln, bei dem Staubpartikel und Ungeziefer einfach herausgeschleudert werden. Der Reinigungsvorgang dauert etwa 20 bis 30 Minuten. In der Mittagssonne und zusammen mit Artgenossen macht's besonders viel Spaß. Stellen Sie Ihren Hühnern ein geeignetes Staubbad, z. B. in Form einer Sandkiste, zur Verfügung.

EIN GLATTES FEDERKLEID

Nach dem Baden bringen die Hühner ihr Gefieder wieder sorgfältig in Ordnung. Es kommt vor, dass sich die Federäste beim Toben im Sand aushaken, sodass die Federfahnen keine einheitliche Fläche mehr bilden. Studien haben gezeigt, dass der Hühnerschnabel nicht nur perfekt auf die Aufnahme von Futter ausgerichtet ist, sondern auch die ideale Größe und Form zur Gefiederpflege hat. Mit seiner Hilfe kann das Huhn ausgehakte Federäste problemlos neu ausrichten und so das gesamte Federkleid glätten.

Nach der Reinigung wird das Gefieder mit einem wachsartigen Sekret aus der Bürzeldrüse eingefettet. Diese sitzt an der Schwanzwurzel. Dank seines sehr biegsamen Halses kann das Huhn das Fett mit dem Schnabel aufnehmen und fast über das gesamte Gefieder verteilen. Die unerreichbaren Kopffedern werden direkt an der Drüse gerieben. So schützt das Gefieder zuverlässig vor Nässe und Kälte.

Bitte nicht stören! Bei der ausgiebigen Gefiederpflege, die schon mal ein halbes Stündchen und länger dauern kann, möchten die Hühner ihre Ruhe haben.

GESUNDHEITS-CHECK

ALARMZEICHEN RICHTIG DEUTEN

Im Frühstadium kann man krankhafte Veränderungen nicht immer auf den ersten Blick erkennen, da Hühner diese instinktiv verbergen. Wenn der Patient erst schlapp und apathisch im Stall sitzt, kann es für eine erfolgreiche Behandlung schon zu spät sein. Deshalb sind regelmäßige Gesundheitschecks sinnvoll.

TIPP

Achten Sie während des Federwechsels insbesondere auf eine eiweiß- und vitaminreiche Ernährung. Im Fachhandel erhalten Sie Futterzusätze speziell für die Mauserzeit.

TÄUSCHUNGSMANÖVER

Hühner sind perfekte Schauspieler. Als potenzielle Beutetiere versuchen sie instinktiv, Krankheiten zu verbergen, denn in freier Natur bezahlt man Schwäche nicht selten mit dem Leben. Auch vor ihren Artgenossen müssen Hühner den äußeren Schein wahren, sonst gerät ihr Status innerhalb der Gruppe ins Wanken. Also flitzt das Tier auch dann noch tapfer den anderen in den Auslauf hinterher, wenn vielleicht schon jede Bewegung schmerzt und ihm längst nicht mehr zum Scharren und Picken zumute ist. Ein flüchtiger Blick auf Ihre Hühnerschar ist also wenig aussagekräftig. Nehmen Sie sich täglich einige Minuten Zeit für eine kritische Beobachtung (→ *Seite 101*). Jede Auffälligkeit sollte nähere Untersuchungen nach sich ziehen.

ZEIT FÜR DEN CHECK-UP

Der beste Zeitpunkt für eine Untersuchung ist die Abenddämmerung, wenn sich die Hühner bereits alle im Stall befinden. Da die Tiere nachtblind und meist auch schon ein bisschen schlaftrunken sind, lassen sie sich problemlos von der Sitzstange nehmen und gründlich durchchecken. Eine Stirnlampe leistet hier gute Dienste. Zahme Hühner können Sie natürlich auch tagsüber untersuchen.

Atmung

Achten Sie zu Beginn für eine Weile nur auf die Atmung der Hühner. Es dürfen keine lauten oder rasselnden Geräusche hörbar sein. Die Nase sollte frei von Sekreten sein.

Von Kopf bis Fuß

- ***Schnabel:*** Der Schnabel sollte normal geformt und nicht abgebrochen sein. Schäden des sensiblen Tastorgans sind sehr schmerzhaft und behindern die Nahrungsaufnahme.

Von vorne nach hinten: Die Untersuchung der Hühner sollte immer am Kopf beginnen und an der Kloake enden, damit keine Schmutzpartikel in Auge, Nase und Schnabel geraten.

Farbe und Zustand der Kopfanhänge verraten einiges über den Gesundheitszustand Ihrer Hühner. Bei Auffälligkeiten sollten Sie umgehend den Tierarzt konsultieren.

- ***Augen:*** Ein gesundes Hühnerauge ist klar, glänzend, aufmerksam, die Augenumgebung frei von Sekreten.
- ***Kopfanhänge:*** Mit wenigen rassebedingten Ausnahmen ist der Kamm eines Huhns rot gefärbt. Nuancen von Rosé bis leuchtend Rot sind normal. Anlass zur Sorge gibt ein ausgetrockneter, gelblich-gräulicher oder blauroter Kamm. Auch schwarze Flecken sind ein Warnsignal und verlangen nach dem Tierarzt. Kamm und Kehllappen sollten unverletzt sein. Die Haube darf die Sicht nicht beeinträchtigen.
- ***Kropf:*** Tasten Sie den Kropf vorsichtig ab. Abends sollte er gut gefüllt sein, morgens leer. Ein fester Kropf zur falschen Zeit weist auf eine Blockierung hin (→ *Seite 115*).
- ***Ernährungszustand:*** Tasten Sie die Flanken entlang des Brustbeinkamms ab. Normal überziehen Muskeln beide Seiten des Knochens. Spüren Sie die platten Knochen, ist das Huhn zu mager. Im Zweifelsfall das Tier wiegen!
- ***Haut und Gefieder:*** Untersuchen Sie die Hühner gründlich auf Parasiten und halten Sie dabei auch Ausschau nach Hautveränderungen, Verletzungen oder Verschorfungen. Ist das Huhn nicht in der Mauser, sollte das Gefieder dicht und gut gepflegt sein und am Körper anliegen. Gesunde Federn sind intakt und glänzend. Die Schwanzfedern sollten nicht herabhängen, sondern aufrecht stehen.
- ***Beine, Füße, Krallen und Sporn:*** Gerade und glatte Beine zeugen von guter Gesundheit. Kontrollieren Sie die Unterseite der Füße auf Verletzungen wie Kratzer und Schnittwunden und entfernen Sie hartnäckige Verschmutzungen. Stark schuppige Beine und Füße können auf einen Befall mit Kalkbeinmilben hinweisen (→ *Seite 108*). Krallen und Sporne sollten nicht zu lang sein (→ *Seite 96–97*).
- ***Kloake und Kot:*** Die Kloake muss feucht, rosa und sauber sein. Die Ausscheidung von Kot sollte regelmäßig erfolgen. Eine wässrige Konsistenz deutet auf Durchfall hin. Infolgedessen ist meist auch die Kloake verschmutzt. Behalten Sie das betroffene Huhn im Auge. Zeigt sich keine Besserung, ist eine Untersuchung beim Tierarzt ratsam.

MAUSER

Das Federkleid schützt die Hühner vor Verletzungen und hält Kälte, Hitze und Feuchtigkeit ab. Zudem ist das äußere Erscheinungsbild ein wichtiges Statussymbol und spielt eine wesentliche Rolle bei der Kommunikation mit den Artgenossen. Entsprechend stark ist die Abnutzung, sodass sich das Gefieder regelmäßig erneuern muss. Die alten Federn werden abgestoßen, neue wachsen nach. Diesen Federwechsel bezeichnet man als Mauser. Der Zeitpunkt und die Dauer der Mauser ist von verschiedenen Faktoren wie dem Gesundheitszustand, den Haltungsbedingungen und der Ernährung abhängig. Sie muss auch nicht komplett erfolgen. Bei der Teilmauser wird nur das Gefieder bestimmter Körperpartien getauscht, bevorzugt am Hals.

Meist erfolgt die Mauser im Herbst nach einer langen Legeperiode. Der Verlust weniger Federn über Wochen ist ebenso normal wie der kurzfristige Abwurf des fast kompletten Federkleids. Wundern Sie sich also nicht, wenn eine Henne quasi über Nacht wie ein küchenfertiges Suppenhuhn aussieht. Der Spuk ist in der Regel nach vier bis sechs Wochen vorbei, und Ihr Huhn erstrahlt in neuem Kleid. Ein deutliches Zeichen für das Einsetzen des Federwechsels sind leere Nester. Der Vorgang ist für die Hühner so anstrengend, dass sie eine längere Legepause brauchen.

PFLEGE-ASSISTENZ

KONTROLLIEREN UND REAGIEREN

Hühner brauchen bei der Körperpflege nur selten Unterstützung. Doch wenn der Gesundheitscheck Mängel aufdeckt, sollten Sie umgehend handeln. Waschen Sie sich nach jedem Kontakt mit Ihren Hühnern gründlich die Hände oder tragen Sie Einmal-Handschuhe. So haben Krankheitserreger keine Chance, sich auszubreiten.

KRALLEN SCHNEIDEN

Da Hühner den größten Teil des Tages mit Scharren verbringen, nutzen sich die Krallen in der Regel ausreichend ab. Trotzdem sollten sie regelmäßig kontrolliert werden. Vor allem bei brütenden Hennen, die die meiste Zeit im Nest verbringen, kann ein Kürzen durch den Halter notwendig sein. Lassen Sie sich die Prozedur beim ersten Mal vom Tierarzt oder von einem erfahrenen Halter zeigen. Benutzen Sie dazu eine spezielle Krallenschere aus dem Zoofachhandel und achten Sie darauf, die Blutgefäße nicht zu verletzen. Sie sind bei hellen Krallen gut zu sehen. Dunkle Krallen durchleuchten Sie mit einer Taschenlampe.

Bei einer artgerechten Haltung nutzen sich Krallen und Schnabel hinreichend ab, sodass Pflegemaßnahmen durch den Halter kaum nötig sind.

SCHNABEL SCHNEIDEN

Auch der Schnabel bleibt durch das ständige Picken in Form. Das Kürzen erfolgt nur in Ausnahmefällen, z. B. wenn die Nahrungsaufnahme behindert und somit das Leben des Huhns gefährdet ist. Da der Schnabel ein hochsensibles Organ ist, sollte die Prozedur grundsätzlich nur von einem erfahrenen Tierarzt durchgeführt werden.

WASCHEN, SCHNEIDEN, FÖHNEN

Das Kopfgefieder und der Backenbart einiger Hühnerrassen sind eine wahre Pracht, beeinträchtigen aber manchmal die Sicht. Hier sind Ihre Fähigkeiten als Friseur gefragt, damit das Huhn wieder freien Blick nach allen Seiten hat.

Bei anhaltend miesem Wetter kommt es vor, dass ein Huhn mit der Gefiederpflege schlichtweg überfordert ist. Dann sollten Sie den Dreckspatz vorsichtig mit warmem Wasser reinigen, damit sich keine Parasiten einnisten. Trocknen Sie das Huhn danach gründlich ab. Sofern sich das Tier nicht ängstigt, leistet auch ein Föhn gute Dienste.

STEP BY STEP

SPORN SCHNEIDEN

Sporne sind Horngebilde und gehören ebenso wie Kamm und Kehllappen zu den sekundären Geschlechtsmerkmalen eines Hahns. Hin und wieder findet man sie auch bei älteren Hennen vor. Sie sitzen über den hinteren Zehen und sind spitz wie Dornen.

Wie der Schnabel und die Krallen sind auch die Sporne der Hähne wirksame Verteidigungsinstrumente. Sie werden gegen Fressfeinde, aber auch gegen artgleiche Rivalen eingesetzt. Kontrollieren Sie rund alle zwei Monate das Wachstum. Werden die Sporne zu lang oder zu spitz, können sie das Rückengefieder der Hennen beim Tretakt stark beschädigen. Manchmal kommt es sogar zu Hautverletzungen, die versorgt werden müssen. Auch Rangkämpfe können dadurch blutig enden. Zudem sind Sporne für das Pflegepersonal nicht ungefährlich. Kleine Kinder sollten nicht ohne Aufsicht das Hühnergehege betreten, falls ein sehr dominanter und streitsüchtiger Hahn die Führungsrolle einnimmt. Fühlt er sich provoziert, kann ein Angriff folgen. Dabei setzt er alle ihm zur Verfügung stehenden Mittel ein.

Um die Blutgefäße besser sichtbar zu machen, können Sie die Sporne mit einer Taschenlampe durchleuchten.

1

Nehmen Sie den Hahn auf den Schoß. Umfassen Sie mit einer Hand seinen Körper und drücken Sie ihn sanft an den eigenen Körper.

2

Schneiden Sie den Sporn unterhalb der Blutgefäße mit einer Krallenschere oder einem Seitenschneider vorsichtig ab.

3

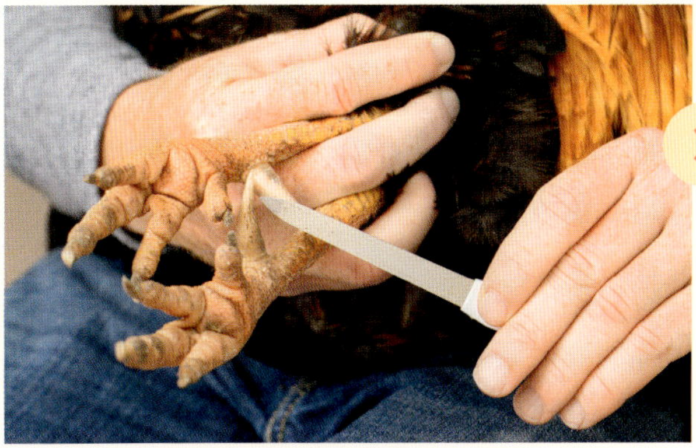

Feilen Sie den Sporn mit einer groben Nagelfeile rund. Bei zwar kurzen, aber sehr spitzen Spornen können Sie sich das Kürzen sparen und gleich die Feile ansetzen.

IN PUNCTO HYGIENE

REGELMÄSSIG, GRÜNDLICH UND EFFEKTIV

Eine gute Hygiene ist für Ihre Tiere die beste Lebensversicherung, denn sie schützt zuverlässig vor vielen Krankheiten. Deshalb sollten Sie Stall und Auslauf regelmäßig reinigen. In einem gut gepflegten Heim fühlen sich die Hühner rundum wohl, und auch die Geruchsbelästigung bleibt gering.

RUNDUM GEPFLEGT

Der Auslauf sollte regelmäßig von Federn, Kot und Futterresten befreit werden. Bei einer kleinen Fläche ist das vielleicht täglich nötig. Achten Sie dabei auf Gegenstände, die Ihren Hühnern gefährlich werden könnten, wie Glasscherben, Metallsplitter und Zigarettenstummel. Man weiß nie, was die scharrfreudigen Tiere so alles ausgraben. Füllen Sie Erdkuhlen auf und reinigen Sie den Eingangsbereich zum Stall, damit die Hühner keinen Schmutz hineintragen.

Eine regelmäßige und gründliche Reinigung von Stall und Auslauf steigert das Wohlbefinden Ihrer Hühner und verringert den Infektionsdruck.

Denken Sie an die Säuberung von Unterständen und Sandbad. In größeren Abständen fallen auch gärtnerische Tätigkeiten an, wie das Pflanzen oder Beschneiden von Gehölzen sowie Rasenmähen und Grasaussaat.

GROSSPUTZ IM STALL

Mindestens einmal jährlich ist eine Generalreinigung fällig. Bei einem kleinen Stall, hoher Besatzdichte oder Parasitenbefall auch zwischendurch. Wählen Sie einen schönen Sonnentag, damit Stall und Inventar rasch wieder abtrocknen. Nehmen Sie sich alle Ecken und Winkel vor, die bei der normalen Reinigung immer zu kurz kommen. Um die Tiere nicht während der Legezeit auszusperren, sollten Sie morgens die Arbeiten rund um den Stall erledigen. Kontrollieren Sie, ob alles noch dicht ist und ob Sicherheitslücken bestehen. Dann geht's an die Innenreinigung.

- ***Alles muss raus:*** Für den Großputz sollten Sie das komplette Inventar ausräumen. Neben Futterbehältern, Tränken und anderen mobilen Einrichtungsgegenständen gehört dazu auch das Abmontieren der Halterungen von Sitzstangen, Kotauffangvorrichtungen, Legenestern und der Türen und Klappen. Entsorgen Sie zudem die komplette Einstreu. Wenn vorhanden, auch den Bodenbelag herausnehmen.

PFLEGEPLAN

Der Pflegeplan ist nur als Richtlinie zu verstehen. Je nach Größe und Beschaffenheit des Stalles, der Anzahl der Bewohner und der Einstreuart können die Tätigkeiten zeitlich variieren.

TÄGLICH	WÖCHENTLICH	MONATLICH
Hühnerklappe öffnen und schließen	Wasser- und Futterbehälter gründlich mit einer Bürste reinigen	Einstreu ggf. komplett erneuern
Wasser- und Futterbehälter ausspülen und auffüllen	Sitzstangen kontrollieren, ggf. reinigen	grobe Verunreinigungen des Inventars entfernen
Kotbretter reinigen	Einstreu wieder gleichmäßig auf dem Boden verteilen	Sand im Sandbad erneuern
Legenester leeren und kontrollieren, ggf. reinigen	Ausschau nach Parasiten halten	ggf. Fenster putzen
Stall und Auslauf kontrollieren	Sandbad und Einstreu kontrollieren, ggf. reinigen bzw. erneuern	Ladezustand von Batterien (elektr. Hühnerklappe!) kontrollieren
Hühner einige Minuten beobachten (gesund und munter?)	Gesundheitscheck	Futtervorräte kontrollieren (Verfallsdatum, Schadnager)

◈ ***Das Inventar:*** Futtertröge und Tränken mit heißem Wasser und Spülmittel reinigen, mit klarem Wasser ausspülen. Das übrige Inventar mit einer Spachtel von grobem Schmutz befreien und danach mit heißem Seifenwasser und Bürste abschrubben. Bei Parasitenbefall müssen Stall und Einrichtung desinfiziert werden. Geeignete Mittel empfiehlt der Tierarzt. Vorbeugend die Gegenstände mit Essiglösung abreiben. Dann alles in der Sonne trocknen lassen. Die UV-Strahlen können Krankheitserreger abtöten.

◈ ***Stallreinigung:*** Kehren Sie Decke, Wände und Boden mit einem Borstenbesen gründlich ab. Entfernen Sie hartnäckige Kotreste mit einer Spachtel. Je nach Beschaffenheit des Stalls können auch Wasserschlauch oder Hochdruckreiniger zum Einsatz kommen. Achten Sie auf Ritzen und Löcher und dichten Sie diese, wenn nötig, ab. Bei Steinwänden bietet sich jetzt ein neuer Kalkanstrich an. Putzen Sie die Fenster, damit viel Licht einfällt.

◈ ***Alles wieder rein:*** Sobald der Stall trocken ist, können Sie das Inventar wieder einräumen. Breiten Sie in den Legenestern vor dem Einstreuen Zeitungspapier aus. So lassen sie sich besser reinigen. Sitzstangen und Kotbretter können Sie vorbeugend mit Speiseöl einreiben. Das glättet die Oberfläche und erschwert Parasiten die Einnistung. Eine Lage Zeitungspapier oder PVC-Belag erleichtert die Reinigung des Kotbretts. Auch eine dünne Schicht Sand oder Einstreu erfüllt ihren Zweck. Abschließend streuen Sie das Sandbad und den Boden frisch ein. Sind alle Reinigungsarbeiten erledigt, können Sie den Ausschlupf wieder öffnen.

PATIENT HUHN

VORBEUGEN, PFLEGEN UND HEILEN

Selbst bei bester Pflege kann ein Huhn krank werden. Im Zweifelsfall ist immer der Gang zum Tierarzt angeraten. Nur eine gezielte Diagnostik ermöglicht die richtige Behandlung. Das erspart dem Patienten unnötige Schmerzen und erhöht die Chance auf vollständige Genesung – und schützt die übrige Hühnerschar vor Ansteckung!

VORBEUGEN IST BESSER ALS HEILEN

Eine artgerechte Haltung ist die beste Voraussetzung für eine gesunde Hühnerschar. Doch auch anhaltender Stress (→ *Seite 108*) kann die Tiere krank machen. Versuchen Sie deshalb, die gewohnte Routine im Umgang mit Ihren Hühnern beizubehalten. Vor allen negativen Einflüssen können Sie Ihre Hühner jedoch leider nicht bewahren. Rangkämpfe durch Neuzugänge sowie Bedrohungen durch Fressfeinde und Zwist innerhalb der Hühnerfamilie können Krankheiten begünstigen. Deshalb sollten Sie die Tiere in Stresssituationen beobachten und schon beim kleinsten Anzeichen von Unwohlsein und Schwäche eingreifen.

SICHTKONTROLLE

Nehmen Sie sich jeden Tag einige Minuten Zeit und beobachten Sie kritisch die Aktivitäten Ihrer Hühner im Stall und Auslauf. Folgende Anzeichen geben Anlass zur Besorgnis und bedürfen einer näheren Kontrolle (→ *Seite 94*).

- ***Verändertes Wesen:*** Das Huhn zeigt sich deutlich ruhiger. Es ist apathisch, sitzt öfter allein in der Ecke und beteiligt sich kaum an den Aktivitäten seiner Artgenossen.
- ***Verschmähtes Futter:*** Das Huhn pickt nur lustlos, trotz reichem Angebot. Selbst sein Lieblingsfutter lässt es liegen.
- ***Eingeschränkte Beweglichkeit:*** Das Huhn läuft deutlich langsamer, in Schonhaltung oder humpelt.
- ***Ungepflegtes Äußeres:*** Das Huhn zeigt sich im Schmuddellook (→ *Seite 113*), denn das Putzen fällt ihm schwer.

QUARANTÄNE

Im Krankheitsfall sollten Sie den Patienten immer von seinen Artgenossen trennen, auch wenn keine Gefahr der Ansteckung besteht. Ein krankes Huhn, womöglich noch

Ein separates Krankenlager mit umfassendem Serviceprogramm sorgt dafür, dass der Patient rasch wieder auf den Beinen ist und zurück zu seinen Artgenossen darf.

mit offener Wunde, wird rasch zum Angriffsziel für seine Stallgenossen und verliert seinen Gruppenstatus. Hühner sind nicht zimperlich, wenn sich ein Aufstieg auf der Karriereleiter anbietet. Selbst Kannibalismus ist in solchen Fällen nicht ausgeschlossen (→ *Seite 111)*.

DER RICHTIGE TIERARZT

Nicht jeder Tierarzt kennt sich mit allen Tierarten gut aus. Suchen Sie sich deshalb rechtzeitig einen erfahrenen Geflügeldoktor, bei dem Ihr Federvieh in guten Händen ist. Adressen finden Sie im Telefonbuch und im Internet, doch der Austausch mit anderen Hühnerhaltern ist ratsam.

Ein engagierter Tierarzt sollte sich Zeit für Sie und den Patienten nehmen, die Diagnose und die weiteren Behandlungsschritte erläutern und Ihre Fragen gut verständlich beantworten. Er zeigt, wie Sie Medikamente richtig verabreichen, und ist auch alternativen Heilmethoden gegenüber aufgeschlossen. Für die Diagnostik wichtig sind Angaben zu Rasse und Alter des Huhns, Haltungsform und Ernährungsgewohnheiten sowie zu eventuellen Vorerkrankungen. Schildern Sie kurz und prägnant die von Ihnen beobachteten Krankheitssymptome, das momentane Fressverhalten und die von Ihnen bereits eingeleiteten Maßnahmen. Wenn Sie nun noch Impfnachweise und eine Kotprobe parat haben, sind Sie für den Tierarztbesuch bestens gerüstet.

SANFTE HILFE AUS DER NATUR

Man muss nicht gleich die chemische Keule schwingen. Oft hält die Natur die beste Medizin bereit. Naturheilverfahren fördern die Selbstheilungskräfte und sind bei der Behandlung von chronischen Krankheiten oft erfolgreicher als die Heilmittel der Schulmedizin. Da auch pflanzliche Präparate Nebenwirkungen haben und Wechselwirkungen mit anderen Medikamenten zeigen, sollte die Behandlung in Absprache mit Tierarzt oder Tierheilpraktiker erfolgen.

Homöopathie

Homöopathie ist auf eine ganzheitliche Heilung ausgerichtet. Hier werden nicht nur die Symptome bekämpft, sondern die Ursachen für die Gesundheitsstörung erforscht und auf sanfte Weise beseitigt. Die Therapie basiert auf dem Grundsatz, dass man Gleiches mit Gleichem behandeln soll. Die charakteristischen Symptome eines Wirkstoffes sind in seinem Arzneimittelbild aufgeführt. Der Homöopath wählt die Arznei aus, deren Wirkung den Symptomen des Patienten am meisten ähnelt. Sie kommt in Form von Globuli, Tabletten, Tropfen und Salben zum Einsatz. Nach der Einnahme kann es kurzzeitig zu einer Verstärkung der Krankheitssymptome kommen, bevor die Heilung eintritt. Homöopathische Mittel lassen sich auch therapiebegleitend oder vorbeugend einsetzen.

/// TIPP ///

HOMÖOPATHISCHE HÜHNERAPOTHEKE

Euphrasia: bei Entzündungen am Auge
Aconitum: bei Schmerzen mit Angst und Unruhe, Schockzuständen, Hitzschlag
Nux vomica: bei Vergiftungen und Durchfall
Belladonna: bei Abszessen, Atemnot und Legenot
Arnika: bei kleinen Verletzungen und Verstauchungen

Phytotherapie

Als eines der ältesten Heilverfahren erlebt die Phytotherapie (→ *Seite 138–139)* gerade in den letzten Jahren einen enormen Aufschwung. Zur Herstellung von Arzneimitteln werden weltweit mehr als 20000 Pflanzenarten genutzt. Heilpflanzen können zur Nahrungsergänzung in Form von Tabletten, Kapseln und Tropfen, als Teeaufguss, zum Inhalieren oder für Bäder und Umschläge verwendet werden.

Bachblüten

Die Bachblütentherapie wurde von dem englischen Arzt Edward Bach entwickelt. Er stützte sich dabei auf die Annahme, dass die Blüten bestimmter Blumen, Sträucher und Bäume das Verhalten und die Stimmung von Mensch und Tier beeinflussen können. Es gibt 38 Bachblütenessenzen, die bei Hühnern über das Trinkwasser verabreicht oder auf den Kopf geträufelt werden können. Besonders oft kommen die Notfalltropfen Rescue zum Einsatz.

STEP BY STEP

MEDIKAMENTE GEBEN

Wurde Ihrem Patienten eine Arznei verschrieben, sollten Sie sich bei der Verabreichung strikt an die Anweisungen des Tierarztes halten. Nur so ist eine rasche Besserung des Gesundheitszustandes gewährleistet und Ihr Huhn ruckzuck wieder auf den Beinen.

Bei bestimmten Medikamenten dürfen die Eier der Hühner wegen möglicher Rückstände nicht verzehrt werden. Befragen Sie hierzu den Tierarzt.

Manchmal ist es gar nicht so leicht, ein Medikament fachgerecht zu verabreichen. Vor allem bei neuen Tieren, die noch kein Vertrauen aufgebaut haben, sind nicht selten voller Körpereinsatz und Geschick gefragt. Am einfachsten ist die Gabe über den Futterbrei oder das Trinkwasser. Damit sich kein Artgenosse bedient, müssen Sie den Patienten dafür separieren. Problematisch wird es, wenn das erkrankte Huhn nur wenig Appetit oder Durst zeigt und man nicht weiß, wie viel von der Arznei tatsächlich aufgenommen wurde. Auf Nummer sicher gehen Sie, wenn Sie Tabletten oder Flüssigmedizin direkt in den Schnabel des Huhns geben. Ein beherzter Griff erspart Ihnen und dem Huhn unnötigen Ärger und Stress. Bei sehr lebhaften Tieren können Sie ein Handtuch um den Körper wickeln.

1

Nehmen Sie das Huhn behutsam hoch und setzen Sie es sich auf den Schoß. Warten Sie, bis sich das Tier beruhigt hat.

2

Anschließend fixieren Sie mit einer Hand sanft den Kopf des Huhns. Ist das Tier sehr aufgeregt, kann ein zweites Paar Hände hilfreich sein.

3

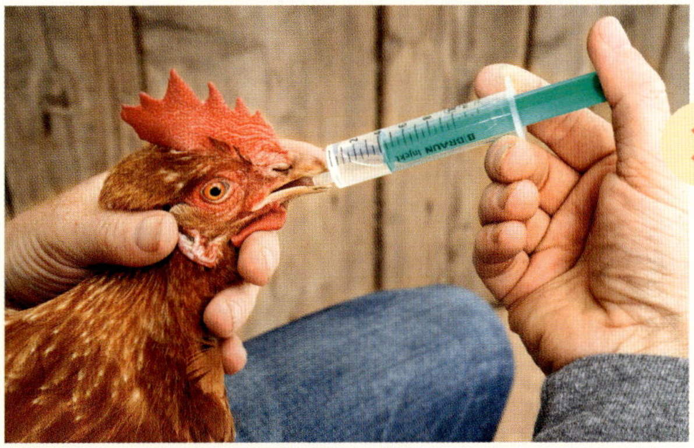

Spritzen Sie dem Huhn die Flüssigmedizin mit einer Einmalspritze ohne aufgesetzte Nadel langsam in den Schnabel. Achten Sie darauf, dass sich das Tier auf keinen Fall verschluckt.

WICHTIGE IMPFUNGEN

TRAINING FÜR DAS IMMUNSYSTEM

Ein artgerechtes Umfeld, eine ausgewogene Ernährung und eine gute Hygiene sind die besten Voraussetzungen für ein gesundes und langes Hühnerleben. Mit vorbeugenden Schutzimpfungen lässt sich das Krankheitsrisiko noch zusätzlich minimieren. Die jährliche Impfung gegen Newcastle Disease ist sogar Pflicht.

IN SACHEN IMPFPFLICHT

Das Impfen ist ein umstrittenes Thema – bei Mensch und Tier. Zumindest bei der Newcastle-Krankheit gibt es keine Wahl, denn die Impfung ist gesetzlich vorgeschrieben und muss regelmäßig aufgefrischt werden. Auch Hobbyhalter mit sehr wenigen Tieren bilden keine Ausnahme. Zudem ist die Teilnahme an Geflügelausstellungen, Messen und anderen Veranstaltungen nur nach Vorlage eines Impfnachweises möglich. Es obliegt der Verantwortung des Halters, seinen Hühnerbestand unter einem laufenden Impfschutz zu halten (→ *Impfkalender rechts*). Zumeist erfolgt die Verabreichung des Impfstoffs über das Trinkwasser. Um eine zügige Aufnahme zu gewährleisten, sollte den Tieren einige Stunden zuvor kein Wasser zur Verfügung gestellt werden. Nur gesunde Hühner dürfen an der Impfung teilnehmen, die vom Tierarzt schriftlich bescheinigt werden muss.

Verzichten Sie auf das Füttern im Auslauf. Dadurch werden Wildvögel angelockt, die Krankheiten auf Ihre Hühner übertragen können.

FREIWILLIGE IMPFUNGEN

Auch für viele andere Erkrankungen stehen geeignete Impfstoffe bereit. Lassen Sie sich von Ihrem Tierarzt beraten, welche Impfungen speziell für Ihre Hühnerschar sinnvoll sind. Wer mit seinen Hühnern an Ausstellungen teilnehmen möchte, sollte das komplette Impfprogramm wahrnehmen. Der Kontakt mit anderen Hühnern und Haltern erhöht das Krankheitsrisiko immens.

NEWCASTLE DISEASE

Diese weltweit verbreitete Viruserkrankung ist außerordentlich ansteckend, eine Heilung nicht möglich. Daher ist schon der Verdachtsfall anzeigepflichtig. Die Meldung hat unverzüglich zu erfolgen, also auch am Wochenende. Ansprechpartner ist das zuständige Veterinäramt.

IMPFKALENDER

Nachfolgend sind nur die wichtigsten Vorsorgeimpfungen (→ *Seite 112*) aufgeführt. Bei bestehender Infektionsgefahr können zusätzlich Impfungen gegen E. coli, aviäre Bronchitis und Mykoplasmen sinnvoll sein.

IMPFUNG	GRUNDIMMUNISIERUNG	AUFFRISCHUNG	VERABREICHUNGSART	HINWEIS
Marekscke Krankheit	1. Lebenstag	–	Injektion	nur durch den Tierarzt
Kokzidiose (→ *Seite 109*)	1.–9. Lebenstag	–	Trinkwasser, Spray	v. a. bei eigener Nachzucht
Newcastle Disease (ND)	3.+9.+15. Lebenswoche	alle 12 Wochen	Trinkwasser, Augentropfen	Pflichtimpfung
Inf. Bronchitis (→ *Seite 110*)	wie ND	wie ND	wie ND	v. a. bei eigener Nachzucht
Gumboro (→ *Seite 112*)	5. Lebenswoche	–	Trinkwasser	v. a. bei eigener Nachzucht
Inf. Laryngotracheitis	11. Lebenswoche	–	Augentropfen	Teilnahme an Ausstellungen
Salmonellen (→ *Seite 110*)	12.+16. Lebenswoche	1 × jährlich	Injektion	nur durch den Tierarzt

Übertragungswege

Infizierte Tiere scheiden die Viren in großen Mengen über Kot, Körperflüssigkeiten (Sekrete aus Nase, Rachen, Augen) und Atemluft aus. Die Ansteckung kann von Tier zu Tier, aber auch durch kontaminierte Gegenstände (Futter, Stalleinrichtung, Mist, Fahrzeug) oder durch den Tierhalter (Kleidung, Schuhe) erfolgen. Nicht zuletzt stellen Wildvögel, Nager und Insekten ein großes Infektionsrisiko dar. Durch den weltweiten Handel mit Geflügel und Geflügelprodukten breitet sich die Krankheit rasend schnell aus. Die Viren überleben sogar längere Zeit in Tiefkühlkost.

Symptome

Die Inkubationszeit beträgt drei bis sechs Tage. Bei akutem Verlauf treten Todesfälle ohne vorherige Symptome auf. Entwickelt sich die Krankheit leicht verzögert, sind erste Anzeichen ein drastischer Rückgang der Legeleistung, dünnschalige bis schalenlose Eier, wässriges Eiweiß sowie dünnflüssiger, grünlichgelber Kot, zum Teil mit Blutbeimengen. Die Tiere sind apathisch, verweigern die Futter- und Wasseraufnahme und zeigen Atemnot, Schnabel und Augen sind mit zähem Schleim bedeckt. Im Fieberzustand verfärben sich die Kämme dunkelblaurot. Fortgeschrittene Krankheitsstadien sind durch Lähmung der Bein- und Flügelmuskulatur und Kopfschiefhaltung charakterisiert.

Bekämpfung

Bestätigt die Laboruntersuchung den Verdacht auf Newcastle Disease, erfolgt die Bekämpfung gemäß den Bestimmungen der Geflügelpest-Verordnung. Innerhalb des Seuchengebiets sind die amtlichen Maßnahmen unbedingt einzuhalten, um ein Ausbreiten der Seuche zu verhindern.

INFO

Die Newcastle Disease ist in stark abgemilderter Form auch auf den Tierhalter übertragbar. Symptom ist eine vorübergehende Bindehautentzündung.

HÜHNERAPOTHEKE

FÜR ALLE FÄLLE GUT GERÜSTET

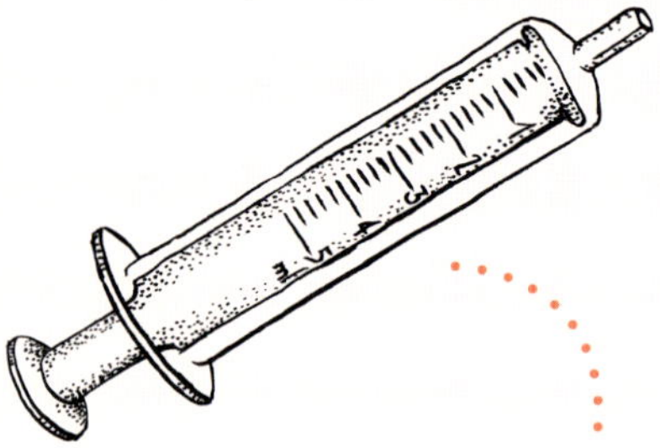

Um im Verletzungs- oder Krankheitsfall rasch reagieren zu können, sollten Sie ein kleines Apothekenköfferchen für Ihre Hühner zusammenstellen. Prüfen Sie regelmäßig die Verfallsdaten des Inhalts und tauschen Sie abgelaufene Produkte gegebenenfalls aus.

PUNKTGENAU

Eine Einmalspritze ohne Nadel sollte in keiner Hühnerapotheke fehlen. Mit ihrer Hilfe lässt sich Flüssigmedizin leicht dosieren und den Tieren direkt in den Schnabel spritzen (→ *Seite 103).*

ZUR STÄRKUNG

Reagieren Sie schon bei ersten Krankheitsanzeichen, indem Sie das Immunsystem Ihrer Hühner auf Trab bringen. Der Fachhandel hält zahlreiche Stärkungsmittel wie Mineralstoff-Vitamin-Mischungen, Traubenzucker und Vitaminkapseln bereit. Als Allrounder gilt auch Bierhefe, die in Flockenform erhältlich ist.

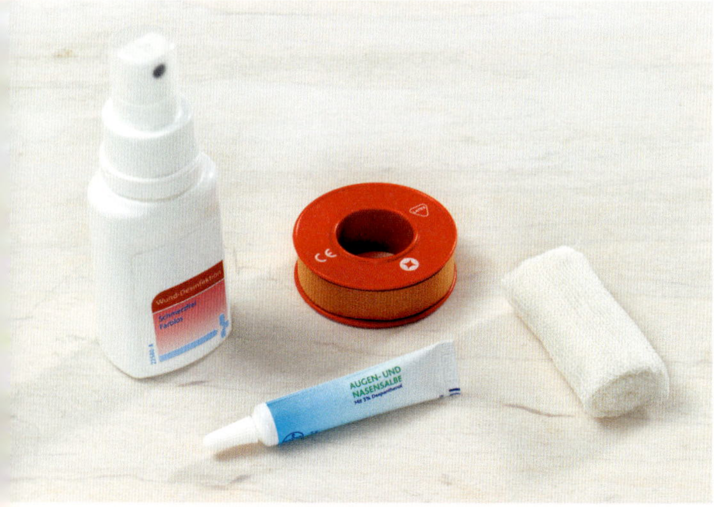

WUNDPFLEGE

Zur Erstversorgung von Verletzungen sollten Sie immer ein Desinfektionsmittel (z. B. Jodtinktur), eine antiseptische Wundsalbe (z. B. Bepanthen), Sprühpflaster, Verbandwatte, Kompressen, elastische Fixierbinden und eine Pflasterrolle bereithalten – für alle Fälle!

BESSERE SICHT

Es ist gar nicht so selten, dass sich ein Huhn beim Streifzug durch den Auslauf einen Fremdkörper eintritt. Mit einer Lupe ist der Übeltäter schnell gefunden und mittels Pinzette rasch entfernt. Auch Parasiten können mit Lupe leichter aufgespürt werden.

GANZ SCHÖN HEISS

Die Körpertemperatur eines Huhns schwankt zwischen 40,0–42,0 °C, ist also deutlich höher als bei Säugetieren. Zur Kontrolle führen Sie ein Digitalthermometer vorsichtig in die Kloake ein. Der an dieser Körperstelle angezeigte Temperaturwert ist allerdings um 1–1,5 °C niedriger als die eigentliche Körpertemperatur. Untertemperatur ist ebenso besorgniserregend wie Fieber. Tritt keine kurzfristige Besserung ein, sollte das Huhn besser zum Tierarzt.

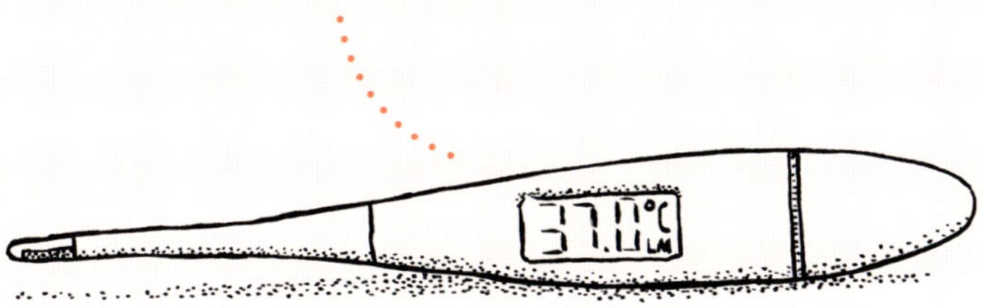

MEDIKAMENTE

Das Medizinköfferchen sollte auch Zugsalbe, Augensalbe, Vaseline und Kohletabletten enthalten. Nicht zu vergessen die homöopathischen Notfalltropfen Rescue, die in Extremsituationen wie Schock oder Panik rasche Hilfe leisten.

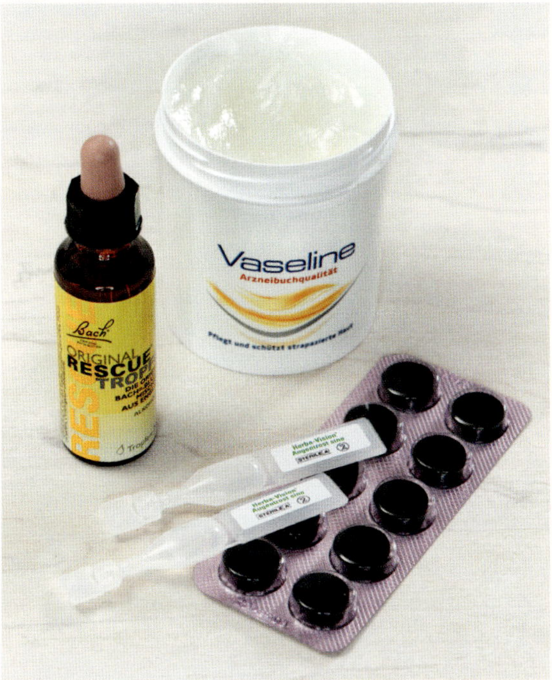

PARASITEN ADE

Wenn Sie bei einem Huhn Ektoparasiten entdecken, sollten Sie ein geeignetes Mittel zur sofortigen Behandlung parat haben. Neben speziellen Antiparasitika vom Tierarzt haben sich bei Federlingen auch Kieselgur, bei Kalkbeinmilben neutrales Speiseöl bewährt. Denken Sie zudem an die Desinfektion des Stalles.

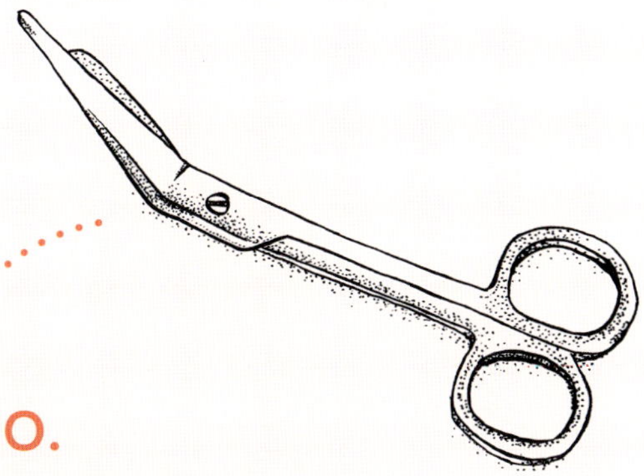

SCHERE & CO.

Nützliche Hilfsmittel bei der Behandlung von gefiederten Patienten sind Einmalhandschuhe, Schere, Pinsel und Wattestäbchen zum Auftragen von Tinkturen und Salben sowie eine Zange zum Schneiden von Krallen und Sporn. Auch eine Stirnlampe kann sich als ausgesprochen hilfreich erweisen.

HÜHNER-KRANKHEITEN

SYMPTOME, URSACHEN UND BEHANDLUNG

Trotz bester Haltung und Pflege – eine hundertprozentige Gesundheitsgarantie gibt es nicht. Deshalb sollten Sie die wichtigsten Hühnerkrankheiten kennen, die auch in Hobbyhaltungen auftreten, damit Sie bei verdächtigen Erkrankungssymptomen unverzüglich den Tierarzt aufsuchen und nötigenfalls die weitere Therapie abklären können.

EKTOPARASITEN

Ektoparasiten wie Zecken, Flöhe, Milben und Federlinge leben auf der äußeren Haut und im Gefieder der Tiere. Brütende Hennen sind besonders gefährdet. Bei starkem Befall muss der gesamte Stall samt Inventar gründlich gesäubert und desinfiziert werden (→ *Seite 98*).

- ***Federlinge:*** Sie leben permanent im Gefieder der Tiere und saugen kein Blut, sondern ernähren sich vor allem von der Federsubstanz. Ihre Eier legen Federlinge in Form von Eipaketen an den Federkielen ab. Die beste Vorbeugung ist eine gute Stallhygiene und eine genaue Inspektion von neuen Hühnern vor der Integration in die Herde. Dazu hält man das Tier an den Beinen und streift die Federn am Bauch etwas auseinander. Bei Befall helfen Puder aus dem Fachhandel, die in das Gefieder eingerieben werden. Um auch die aus den Eiern schlüpfenden Federlinge zu vernichten, ist die Behandlung nach zehn Tagen zu wiederholen.
- ***Flöhe:*** Sie suchen nur zur Blutmahlzeit das Wirtstier auf, ansonsten verkriechen sie sich in Ritzen und Spalten. Besonders häufig sind sie in den Legenestern anzutreffen, die sie auch gern zur eigenen Eiablage nutzen. Flöhe reagieren auf Wärme. Betreten die Hennen die Nester, werden sie von den kleinen Blutsaugern geradezu überfallen. Bei der Eientnahme springen sie sogar dem Halter auf die Hand. Damit die Bekämpfung mit Flohspray aus dem Fachhandel erfolgreich ist, muss auch das Umfeld einbezogen werden.
- ***Kalkbeinmilben:*** Diese winzigen Milben setzen sich unter den Beinschuppen fest. Es kommt zu schmerzhaften Entzündungen und Schwellungen, wodurch sich die Schuppen abheben. Die weißlichen Ablagerungen auf der Hautoberfläche erinnern an eine Kalkkruste. Bei einer guten Stallhygiene und genügend Auslauf tritt diese Erkrankung

Stress macht auch Hühner krank. Dazu gehören abrupte Futterumstellungen, häufige Betreuerwechsel und Umstallungen.

nur selten auf. Die Behandlung erfolgt durch Einweichen und Ablösen der betroffenen Hautschuppen sowie Abtöten der Milben. Neben speziellen Antiparasitika hilft auch das Einreiben der Beine mit Speiseöl oder Ballistol. Dies muss aber konsequent mindestens einmal pro Woche erfolgen, bis alles verheilt ist. Bitte auch die Sitzstangen einölen!

- ***Rote Vogelmilben:*** Sie kommen sehr häufig vor und verursachen den größten Schaden. Tagsüber verkriechen sie sich bevorzugt in Ritzen an den Sitzstangen, aber auch im Umkreis. Nachts befallen sie die Hühner und saugen sich mit deren Blut voll. Als vorbeugende Maßnahmen können die Sitzstangen mit Farbe oder Speiseöl bestrichen werden, um die Ritzen zu verschließen. Die Milben sind meist mit bloßem Auge an der Unterseite der Sitzstangen zu erkennen. Bei leichtem Befall genügt es, wenn Sie die Sitzstangen in Abständen von ca. 5 cm mit einem geeigneten Präparat, z. B. Parasit-Ex, betropfen. Das Mittel verdunstet durch die Körperwärme und geht direkt in die Federn. Die Milben werden von den Dämpfen vernichtet, nicht aber deren Eier. Darum ist die Behandlung mehrmals zu wiederholen.

ENDOPARASITEN

Parasiten, die nicht auf, sondern im Körper des Huhns leben, bezeichnet man als Endoparasiten.

- ***Kokzidiose:*** Die Einzeller kommen in nahezu jedem Bestand vor, führen aber nur bei massiver Infektion oder abwehrgeschwächten Tieren zu Symptomen. Besonders gefährdet sind Küken im Alter von zwei bis zehn Wochen. Durch die Zerstörung von Darmzellen kann es zu blutigen Durchfällen kommen. Alttiere sind nur Träger und zeigen keine Anzeichen einer Erkrankung. Deshalb wird die Kokzidiose auch Rote Kükenruhr genannt. Die Sterblichkeitsrate liegt bei 80 %. Eine Impfung ist möglich (→ *Seite 105*).
- ***Würmer:*** Die häufigsten bei Hühnern vorkommenden Wurmarten sind Spul-, Haar- und Bandwürmer. Bei einigen Arten spielen Zwischenwirte wie Käfer, Fliegen, Ameisen oder Regenwürmer eine Rolle. Typische Symptome für Wurmbefall sind Leistungsminderung, Abmagerung und Durchfall. Die gezielte Bekämpfung erfolgt nach Bestimmung der Wurmart mittels Kotuntersuchung durch den Tierarzt. Eine regelmäßige Wurmkur ist nicht notwendig.

KEINE UNNÖTIGE PANIK

Ich hatte schon längere Zeit darüber nachgedacht, mir Hühner anzuschaffen. Das sympathische Federvieh von Freunden wirkte bei jedem Besuch sehr beruhigend auf mich, und die Voraussetzungen für die Haltung waren bei mir ideal. Leider gehörte ich schon immer zu den überängstlichen Typen, und wenn ich an Hühner dachte, fielen mir auch sofort unzählige Berichte über Salmonellenerkrankungen ein. Ich hatte einfach panische Angst davor, mich beim Umgang mit den Tieren oder durch den Verzehr der Eier anzustecken. Meine Freunde belächelten mich nur und meinten, ich sollte mir keine unnötigen Sorgen machen. Wirklich beruhigt hat mich aber erst ein ausführliches Gespräch mit meinem Hausarzt. Er hat mir glaubhaft versichert, dass eine Salmonellenerkrankung gar nicht so häufig auftritt, wie man glaubt. Es sind Tausende Keime nötig, um die Symptome einer Infektion auszulösen. Wenn man die üblichen Hygieneregeln einhält, kann eigentlich nichts passieren. Zugegeben – ganz einfach war die Entscheidung trotzdem nicht. Doch ich habe meine Angst überwunden und erfreue mich inzwischen nicht nur an einer bunten Hühnerschar im Garten, sondern verzehre auch jeden Tag mit Genuss mein Frühstücksei. Allerdings stets hart gekocht – sicher ist sicher.

EINE GEWISSE VORSICHT IST ANGEBRACHT, DOCH VERZICHTEN SIE NICHT AUF DIE FREUDEN DES LEBENS WEGEN ÜBERTRIEBENER ÄNGSTE.

Sybille Pahl, 47 Jahre, legt bei ihrer Hühnerschar viel Wert auf Gesundheitsvorsorge. Für sie eine Voraussetzung, um die Hühnereier unbesorgt genießen zu können.

BAKTERIELLE INFEKTIONEN

- ***Ansteckender Geflügelschnupfen:*** Schnupfen tritt bei Hühnern häufiger auf und kann unterschiedliche Ursachen haben. Als ansteckender Hühnerschnupfen wird eine Entzündung der oberen Atemwege bezeichnet, die durch *Haemophilus*-Keime hervorgerufen wird. Symptom ist ein klarer, schleimiger Nasenausfluss, der im weiteren Verlauf trübflockig wird. Durch die Nasenverstopfung kommt es zur Schnabelatmung, die wiederum zur Austrocknung der Schleimhäute führt. Insbesondere die Zungenoberfläche wird trocken und rissig. Reinigen Sie die Nasenöffnungen vorsichtig mit einem Wattestäbchen, um die Atmung zu erleichtern. Die Verabreichung eines Vitamin-A-Präparats kann die medikamentöse Behandlung unterstützen. Eine vorbeugende Impfung ist möglich.
- ***Pullorumseuche:*** Im Gegensatz zu anderen Salmonellenarten ist der Erreger dieser Krankheit wirtsspezifisch und tritt vorwiegend bei Geflügel auf. Die Infektion erfolgt über latent infizierte Elterntiere, die den Erreger über das Brutei an die Nachkommen weitergeben. Ein Teil der Embryonen stirbt bereits im Ei ab. Überlebende Küken setzen auffällig weißen Kot ab und verenden meist in den ersten Lebenswochen. Deshalb bezeichnet man diese Erkrankung auch als Weiße Kükenruhr. Die infizierten Küken scheiden den Erreger bereits während der Schlupfphase aus. In Brutapparaten kann die Ansteckung über die Luft erfolgen. Häufiges Symptom ist Atemnot. Durch das Picken von Kot gelangt der Erreger in den Magen-Darm-Trakt. Eine ursächliche Therapie gibt es nicht, überlebende Küken zeigen Wachstumsdefizite, Durchfall und bleiben Dauerausscheider.

Beschädigte Eier verführen zum Anpicken. Beugen Sie dem Eierfressen vor, indem Sie die Legenester bereits kurz nach der Eiablage, die meist schon vormittags abgeschlossen ist, leeren.

VIRUSINFEKTIONEN

Mareksche Krankheit: Die ersten Symptome dieser nicht behandelbaren Erkrankung zeigen sich in Form von Lähmungen der Gliedmaßen, insbesondere der Beine. Sie sind die Folge von entzündlichen Veränderungen der Nerven. Auch Atemstörungen und Organtumore können auftreten. Betroffen sind vor allem Jungtiere im Alter von vier bis fünf Monaten. Die Ansteckung erfolgt bereits in den ersten Lebenswochen. Die Erreger werden mit Hautteilchen und Federstaub, Speichel- und Nasensekret sowie Kot ausgeschieden und sind über Monate infektiös. Eine strikte Trennung der Nachzucht vom übrigen Bestand kann eine weitere Ansteckung vermeiden. Größere Sicherheit bietet eine vorbeugende Impfung der Eintagsküken (→ *Seite 105*).

- ***Infektiöse Bronchitis (IB):*** Diese Infektion der Atemwege ist extrem ansteckend. Die Übertragung erfolgt durch Staub- und Tröpfcheninfektion. Typische Symptome sind ein Abfall der Legeleistung, Fressunlust, dünnschalige und verformte Eier, Nasen- und Augenausfluss sowie rasselnde Atemgeräusche, Niesen und krampfartiger Husten. Die Erkrankung wird meist durch Tiere eingeschleppt, die zwar infiziert sind, aber noch keine Symptome zeigen. Küken und Jungtiere sind am anfälligsten. Schutz bietet eine Impfung, eine ursächliche Behandlung ist nicht möglich.
- ***Klassische Geflügelpest:*** Diese Krankheit wird auch als aviäre Influenza oder Vogelgrippe bezeichnet. Es handelt sich hierbei um eine hochansteckende, außerordentlich verlustreiche Seuche, die deshalb weltweit der staatlichen Bekämpfung unterliegt. Die Symptome entsprechen in etwa der Newcastle-Disease (→ *Seite 105*). Bei der Verbreitung spielen der Vogelzug, vor allem aber der weltweite Handel mit Geflügel und Geflügelprodukten eine große Rolle. Jeder Halter ist verpflichtet, Verdachtsfälle umgehend beim zuständigen Veterinäramt zu melden. Eine gesicherte Diagnose kann nur über Laboruntersuchungen gestellt werden.

VERHALTENSSTÖRUNGEN

Verhaltensstörungen sind keine Krankheiten im klassischen Sinne. Trotzdem können sie schwerwiegende Folgen nach sich ziehen. Sorgen Sie für gute Haltungsbedingungen und interessante Jobangebote, damit Ihre Hühner nicht auf dumme Gedanken kommen.

EIERFRESSEN

Zu wenige oder ungünstig platzierte Legenester können dazu führen, dass Eier auf dem Stallboden oder im Auslauf abgelegt werden. Sie gehen leicht zu Bruch und können ein Huhn zum Naschen verführen. Einmal auf den Geschmack gekommen, sucht es künftig nach weiteren derartigen Leckerbissen. Irgendwann überschreitet es die letzte Grenze und macht auch vor Eiern mit intakter Schale nicht halt. Das Abgewöhnen einer solchen Unart erweist sich als schwierig, zumal die anderen Hühner das unerwünschte Verhalten rasch übernehmen. Vorbeugung ist hier die beste Maßnahme. Sorgen Sie für ausreichend große und gemütliche Legenester und platzieren Sie diese an einem dunklen Ort, an dem die Hennen sich wohlfühlen. Nehmen Sie die Eier regelmäßig und möglichst gleich nach der Ablage aus dem Nest und entfernen Sie beschädigte Eier umgehend.

FEDERPICKEN

Zu den Risikofaktoren gehören unter anderem genetische Veranlagung, Nährstoffmangel, Futterstruktur, Beleuchtung und ungünstiges Stallklima. Meist wird das Federpicken erst ausgelöst, wenn mehrere Faktoren zusammentreffen. In der Hobbyhaltung kann es vor allem bei Stallpflicht auftreten, wenn die Hühner für länger nicht in den Auslauf dürfen. Je enger die Stallverhältnisse, umso höher ist das Risiko. Das gegenseitige Bepicken wird meist reaktionslos geduldet. Dabei kommt es zu starker Beschädigung des Rücken- und Schwanzgefieders. Oft sind auch Zehen und Kamm betroffen. Greifen Sie sofort ein, indem Sie die beteiligten Parteien identifizieren und von den Artgenossen trennen. Hühner lernen voneinander, und auch schlechte Vorbilder werden nachgeahmt. So wird aus dem Einzelfall rasch ein Herdenproblem. Die Übeltäter erkennen Sie an ihren blutverschmierten Schnäbeln. Das Abgewöhnen dieser gefährlichen Unart ist schwierig. Manchmal hilft eine längerfristige Isolation. Ein Kürzen des Schnabels ist keine geeignete Behandlungsmethode. Die Opfer können nach Behandlung der Hautverletzungen zurück zur Herde. Antipicksprays aus dem Fachhandel sollen aufgrund ihres unangenehmen Geschmacks vor weiteren Schnabelattacken schützen. Die antibakteriellen Inhaltsstoffe mindern zudem das Infektionsrisiko und beschleunigen die Heilung.

KANNIBALISMUS

Kannibalismus kann als Folge des Federpickens, aber auch unabhängig davon auftreten. Hühner sind Allesfresser und machen selbst vor Blut und Fleisch nicht halt. Besonders gefährdet sind Hennen in den Legenestern. Während der Eiablage stülpt sich der Eihalter nach außen. Seine rötliche Farbe animiert die Nachbarhennen zum Anpicken und Anfressen. Schlimmstenfalls wird sogar der gesamte Eileiter herausgezogen. Spätestens jetzt werden auch die anderen Hühner aufmerksam. Fließt erst Blut, sind die Tiere nicht mehr zu halten und gehen buchstäblich über Leichen. Die beste Vorbeugung sind ein gutes Stallmanagement, ein großer Auslauf und eine ausgewogene Ernährung.

NUR NICHT KRANK WERDEN!

PROPHYLAXE VON HÜHNERKRANKHEITEN

ARTGERECHTE HALTUNG UND FÜTTERUNG TRAGEN VIEL DAZU BEI, DASS IHRE HÜHNER GESUND UND MUNTER BLEIBEN. DOCH ES GIBT NOCH WEITERE SINNVOLLE VORKEHRUNGSMASSNAHMEN!

DR. FERDINAND SCHMITT ist Fachtierarzt für Geflügel, Wild-, Zier- und Zoovögel. Nach seiner Tätigkeit als wissenschaftlicher Mitarbeiter am Institut für Geflügelkrankheiten in Oberschleißheim arbeitet er nun als Tierarzt im Geflügelgesundheitsdienst Bayern. Zu seinen Aufgaben gehört die Beratung und Betreuung von Geflügel- und Kaninchenbeständen in Südbayern.

➳ Jeder Halter wünscht sich glückliche und gesunde Hühner. Was kann man tun, um von vorneherein einen gesunden Bestand aufzubauen?

Ferdinand Schmitt: Hühner können unter diversen Krankheitserregern leiden. Zuweilen sind sie bei Ankunft schon krank oder tragen den Erreger in sich und scheiden diesen durch den Eingewöhnungsstress aus. Auf diese Weise besteht die Gefahr, dass sich die eigene, gesunde Herde infiziert. Darum ist es wichtig, die Tiere am besten nur von einem Züchter und nur mit bekanntem Impf- und Gesundheitsstatus zu erwerben. Achten Sie zudem auf Quarantäne (→ *Seite 50*) und dass Sie – wenn möglich – keine Jungtiere mit Alttieren zusammen halten, da sich die Jungtiere bei den Adulten anstecken können und somit erkranken.

➳ Damit Hühner gar nicht erst krank werden – welche vorbeugenden Maßnahmen kann der Halter treffen?

Ferdinand Schmitt: Achten Sie bitte beim Kauf der Tiere auf ein gutes Impfprogramm. Verlangen Sie vom Verkäufer eine Impfbescheinigung. Sprechen Sie diese mit Ihrem Tierarzt oder einer anderen Organisation (z. B. Institut für Geflügelkrankheiten, Geflügelgesundheitsdienst) durch. So erfahren Sie, wann Sie Impfungen auffrischen müssen. Sind die Hennen gut durchgeimpft, brauchen Sie bei mit Totimpfstoffen (per Injektion) geimpften Tieren erst wieder nach einem Jahr den Status auffrischen. Bei Lebendimpfstoffen (per Tränke) ist eine regelmäßige Auffrischung nötig (mindestens alle drei Monate). Um die Newcastle-Disease-Impfung kommen Sie im Übrigen nicht herum. Bereits ab dem ersten Huhn besteht gesetzliche Impfpflicht. Bei eigener Nachzucht rate ich Ihnen zur Impfung gegen die Mareksche Krankheit, Infektiöse Bursitis (Gumboro) und Infektiöse Bronchitis. Möchten Sie die gelegten Eier essen, wäre auch eine Salmonellenimpfung angebracht. Gehen Sie häufig mit Ihren Tieren auf Ausstellungen bzw. kaufen Sie viel zu, wäre an eine Impfung gegen Infektiöse Laryngotracheitis und Mykoplasmen zu denken.

Ein struppig wirkendes Gefieder spricht für eine bereits länger bestehende Gesundheitsstörung.

➳ Thema Entwurmung: Sollten Hühner grundsätzlich in regelmäßigen Abständen entwurmt werden oder nur bei konkretem Anlass? Und wann wäre dieser gegeben?

Ferdinand Schmitt: Insbesondere frei laufende Hühner infizieren sich zwangsläufig mit Darmwürmern. Alle drei Monate ist es deshalb angeraten, beim Tierarzt eine Kotprobe abzugeben. Finden sich in dieser Endoparasiteneier, sollte entwurmt werden. Bei frei laufenden Hühnern sind Darmparasiten unvermeidlich. Bleiben die Tiere nicht in Wachstum und Leistung zurück bzw. sind keine Eischalen- und Dotterverfärbungen vorhanden und im Kot nur geringgradig Wurmeier zu finden, muss nicht sofort entwurmt werden. Bei mittel- bis hochgradigem Befall ist eine Entwurmung ratsam. Achten Sie darauf, dass Sie ein Medikament ohne Wartezeit auf Eier bekommen.

➳ Trotz bester Absichten und guter Haltungsbedingungen können Hühner dennoch krank werden. Von welchen Krankheiten sind auch Hobbyhaltungen betroffen? Und wie kommen die Erreger in den Bestand?

Ferdinand Schmitt: Da in Hobbyhaltungen häufig verschiedene Altersgruppen gehalten und regelmäßig neue Tiere mit unbekanntem Gesundheitszustand zugekauft werden, können sich die klassischen Hühnerkrankheiten (→ *Seite 108)* schnell ausbreiten. Krankheitserreger werden sowohl mit den Tieren selbst, aber auch mit Materialien (Stalleinrichtung, Schuhe, Kleidung) eingetragen. Um eine Herde gesund zu erhalten, sollte man sich bewusst machen, dass alles, was von außen in die Herde gebracht wird, potenziell Erreger enthalten kann. Aus diesem Grund sollten diese Gegenstände gereinigt und desinfiziert werden.

➳ Gibt es klassische Krankheitsymptome, an denen auch der Laie die genannten Erkrankungen erkennen kann? Wie reagiere ich als Halter richtig?

Ferdinand Schmitt: Sie erkennen kranke Hühner z. B. an einem flüssigen und hellen, manchmal schaumigen Kot. Hühner können verklebte, schaumige Augen haben und krustige Nasenlöcher. Ein sehr aufmerksamer Halter bemerkt an der geringeren Trinkwasser- und Futteraufnahme sowie einer nachlassenden Legeleistung, dass etwas nicht stimmt. Man sollte sich auch die Farbe der Eischale und des Dotters anschauen. Wird die Eischale dünn? Hat der Dotter eine vergleichsweise hellere Farbe als sonst? Wenn ja, sollte man Kontakt zum Tierarzt aufnehmen.

Rückstände im Ei spielen in der Hobbyhaltung keine Rolle. Verwenden Sie jedoch nur Medikamente, die für Legehennen zugelassen sind, und halten Sie die angegebene Wartezeit für Eier strikt ein.

➳ Gesunde Eier von gesunden Hühnern – sind Eier aus der Hobbyhaltung automatisch frei von Keimen und gesundheitsgefährdenden Rückständen?

Ferdinand Schmitt: Da Sie die Eier Ihrer Hühner sicher essen wollen, sollten Sie darauf achten, diese jeden Tag abzusammeln. Die Eier dürfen nicht mit Kot verklebt oder sehr schmutzig sein, da auf diese Weise Keime über die Schale eindringen können. Lagern Sie die Eier richtig (bei normaler Raumtemperatur und Raumfeuchte). Darüber hinaus sollten die Hühner eine Salmonellenimpfung bekommen haben. Einmal als Junghenne durchgeimpft, hält diese ein ganzes Jahr und macht das Ei zum sicheren Lebensmittel. Sofern Ihre Hennen Sie länger als ein Jahr mit Eiern beliefern, sollten Sie die Tiere regelmäßig nachimpfen lassen. Die Auffrischungsimpfung erfolgt einmal jährlich und darf nur vom Tierarzt vorgenommen werden.

Dagegen fühlt sich diese unternehmungslustige, aktive Zwerg-Wyandotte sichtlich wohl in ihrem arttypischen schmucken Federkleid.

ERSTE HILFE FÜR HÜHNER

SICHER, SCHNELL UND EFFEKTIV

Bei Krankheiten ist ein Tierarzt, der sich mit Geflügel auskennt, der richtige Ansprechpartner. Doch in akuten Fällen zählt manchmal jede Minute, sodass Sie selbst Hand anlegen müssen. Nicht immer ist das Leben des Patienten bedroht, doch ein beherztes Eingreifen kann Schmerzen lindern und Schlimmeres verhindern.

TIPP

Auf www.botanikus.de finden Sie nicht nur eine nach Tierarten sortierte Aufstellung von Giftpflanzen, sondern auch ein Foto zu jeder Pflanze!

KNOCHENBRÜCHE

- ***Symptome:*** Eine Gliedmaße kann nicht mehr bewegt werden oder nimmt eine unnatürliche Haltung ein. Infolgedessen kommt es zu Bewegungseinschränkungen.
- ***Ursachen:*** Ein Sturz oder ein unsachgemäßes Handling können Knochenbrüche (Frakturen) verursachen.
- ***Behandlung:*** Einfache Frakturen an den Zehen haben gute Heilungschancen, wenn die Bruchenden passgenau übereinandergelegt und mit einer Schiene fixiert werden. Den Verband können Sie nach zwei bis drei Wochen entfernen. Brüche an Beinen und Flügelknochen gehören in die Hände eines fachkundigen Tierarztes.

OFFENE WUNDEN

- ***Symptome:*** Das Huhn blutet oder hat Hautläsionen.
- ***Ursachen:*** Verletzungen an Scherben oder anderen scharfen Gegenständen im Auslauf treten relativ häufig auf. Auch beim unsachgemäßen Krallen- oder Spornschneiden können Blutgefäße verletzt werden. Tiefe Wunden entstehen bei Angriffen durch Fressfeinde oder Rangkämpfen.
- ***Behandlung:*** Die Blutung mit blutstillender Watte stoppen und die Wunde anschließend desinfizieren. Gegebenenfalls eine Heilsalbe auftragen und die Wunde mit einem Sprühpflaster verschließen. Je nach Schwere der Verletzung sollte der Patient dem Tierarzt vorgestellt und von der Herde isoliert werden, bis die Wunde verheilt ist.

AUGENENTZÜNDUNG

- ***Symptome:*** Die Augen sind gerötet, geschwollen und/oder sondern Sekret ab, die Augenumgebung ist verkrustet.
- ***Ursachen:*** Ein ungünstiges Stallklima (feuchte Einstreu, unzureichende Belüftung) kann zu einer hohen Ammo-

Auch Hühner haben es bisweilen eilig und können dabei ins Stolpern geraten. Bei kleineren Verletzungen genügt ein Griff in die Stallapotheke, bei größeren empfiehlt sich dagegen ein Gang zum Tierarzt.

Mutige Draufgänger machen vor nichts halt, doch nicht jeder Kletterausflug nimmt ein gutes Ende. Ein einziger Fehltritt, und schon ist es passiert.

niakkonzentration führen, die Bindehautentzündungen verursacht. Auch Erkältungen durch Zugluft sind Auslöser.

- ***Behandlung:*** Verklebte Augen mit einem in warmes Wasser oder Tee getauchten Wattestäbchen wiederholt reinigen. Auch die Behandlung mit dem homöopathischen Mittel Euphrasia hat sich bewährt. Tritt nach kurzer Zeit keine Besserung ein, sollten Sie den Tierarzt aufsuchen.

KROPFVERSTOPFUNG

Diese Erkrankung ist ernährungsbedingt. Man unterscheidet zwischen dem weichen und dem harten Kropf.

- ***Symptome:*** Der Kropf des Huhns tritt prall hervor und fühlt sich entweder weich und elastisch oder sehr hart an. Betroffene Tiere leiden unter Atemnot, verweigern die Nahrungsaufnahme oder sind bereits abgemagert.
- ***Ursachen:*** Der weiche Kropf ist durch unverdauliches, gärendes Futter bedingt. Beim harten Kropf hat sich langfaseriges Gras oder Heu im Kropf verknäuelt. Auch Fremdkörper können den Kropf verstopfen.
- ***Behandlung:*** Halten Sie das Tier kopfüber, damit der Kropfinhalt durch den Schnabel abfließen kann. Beim harten Kropf kann eine leichte Massage helfen. Zeigt diese Behandlung keinen Erfolg, sollten Sie umgehend den Tierarzt aufsuchen, der den Kropf operativ öffnet und leert.

LEGENOT

Von Legenot spricht man, wenn eine Henne nicht mehr dazu in der Lage ist, das Ei herauszupressen.

- ***Symptome:*** Das Huhn sitzt zusammengekauert da und presst erfolglos. Die Flügel hängen herab, das Tier ist unruhig. Es leidet an Appetitlosigkeit und starken Krämpfen.
- ***Ursachen:*** Übergroße Eier (mit Mehrfachdotter!), Eileiterentzündungen oder -tumore sind mögliche Ursachen. Ebenso ein beim Abtasten zerdrücktes, fast legefertiges Ei.
- ***Behandlung:*** Kamillendampfbäder können die Eileitertätigkeit anregen und das Gewebe im Kloakenbereich entspannen. Auch das Einfetten der Kloake mit Paraffinöl oder Lebertran lässt das Ei leichter passieren. Ansonsten bleibt nur der Gang zum Tierarzt, der die Schale im Körper zerbricht und mit einer Pinzette vorsichtig entfernt.

VERGIFTUNGEN

Man unterscheidet zwischen akuten und chronischen Vergiftungen. Bei Letzteren werden über einen längeren Zeitraum geringe Mengen an Schadstoffen aufgenommen.

- ***Symptome:*** Bei akuten Vergiftungen sterben die Tiere oft ohne vorherige Krankheitsanzeichen durch plötzliches Herz- und Kreislaufversagen. Manchmal gehen eine rasch fortschreitende Schwäche und eine Blaufärbung von Kamm und Kehllappen voran. Anzeichen für eine chronische Vergiftung sind vermehrter Durst, Appetitlosigkeit, Gleichgewichtsstörungen und Krämpfe. Auch ein Schrumpfen von Kehllappen und Kamm ist zu beobachten.
- ***Ursachen:*** Hühner nehmen im Auslauf Schadstoffe aus der belebten und unbelebten Natur auf. Auch unverträgliches Futter oder Medikamente können toxisch wirken.
- ***Behandlung:*** Bei akuten Vergiftungen kommt meist jede Hilfe zu spät. Generell ist Vorbeugen besser als Heilen. Dazu gehört eine regelmäßige Kontrolle des Auslaufs nach Giftpflanzen (→ *Tipp links*) und Fremdkörper.

KREISLAUF DES LEBENS

VOM EI ZUM HUHN – ODER ALS HOCH-WERTIGE NAHRUNG AUF DEN TISCH

Hühner eignen sich prima dazu, Kindern den Kreislauf des Lebens zu erklären, denn diese können hautnah daran teilhaben. Die hauseigene Ei-Produktion weckt zudem ihr Interesse an einer bewussten Ernährung.

WUNDER HÜHNEREI

UND JEDEN TAG EIN EI ...

Ob aus dem Supermarkt, vom Bauernhof um die Ecke oder frisch vom eigenen Huhn im Garten – Eier sind bei den Deutschen ausgesprochen beliebt. Der Verbrauch lag in den letzten Jahren bei über 230 Eiern pro Kopf und ist tendenziell ansteigend. Doch wie entsteht ein Ei, und wodurch kommt es zu Abweichungen von der Norm?

DEM FLIEGEN GESCHULDET

Im Gegensatz zu den Säugetieren sind die Eierstöcke der Vögel nicht paarig angelegt, sondern nur auf der linken Seite voll ausgebildet. Die rechte Seite ist verkümmert. Fossile Funde belegen, dass der Funktionsverlust des rechten Eierstocks mit dem Übergang vom Dinosaurier zum Vogel einherging (→ *Seite 26*). Vermutlich hat die daraus resultierende Gewichtsreduktion der Tiere ihre Flugfähigkeit positiv beeinflusst. Trotz dieser Einschränkung ist der Legeapparat einer Henne zu Höchstleistungen fähig. Fast alle 24 Stunden kommt es zu einem Eisprung.

SO ENTSTEHT EIN EI

Der Eierstock ähnelt einer Weintraube und enthält mehrere Tausend Eizellen mit Dotter in unterschiedlichen Größen und Reifegraden. Beim Eisprung löst sich die größte Dotterkugel und beginnt ihre Reise durch den Eileiter.

Der Dotter

Im oberen Abschnitt des Eileiters verweilt der Dotter etwa 15 Minuten. Wurde die Henne innerhalb der letzten Tage begattet, findet jetzt die Befruchtung der auf dem Dotter aufsitzenden Eizelle mit den im Eileiter eingelagerten Spermien statt. Die Eizelle beginnt, sich zu teilen, es entsteht der Keimfleck. Mit oder ohne Befruchtung setzt die durch die Dotterhaut geschützte Dotterkugel ihren Weg fort.

Im zweiten Eileiterabschnitt werden innerhalb der nächsten zwei bis drei Stunden vier verschiedene Eiweißschichten aufgelagert. Die erste, dickflüssige Schicht läuft in zwei Eiweißsträngen, sogenannten Hagelschnüren, aus. Diese verankern den Dotter in der Mitte des Eies, sodass er nicht frei herumschwimmen und die Eizelle dabei beschädigen

Einen Hinweis auf die Eierfarbe kann die Ohrscheibe geben: Hennen mit weißer Ohrscheibe legen meist weiße Eier, Hennen mit roten Ohrlappen braune und manchmal grüne.

kann. Es folgt eine zweite, dünnflüssige Schicht. Den Hauptanteil des Eiweißes macht die nächste dickflüssige Schicht aus. Die Umhüllung des Dotters ist mit einer weiteren dünnflüssigen Schicht abgeschlossen.

Die Schale

Im nächsten Eileiterabschnitt wird das Eiweiß mit zwei dünnen Schalenhäuten umgeben. Sie werden durch Fasern zusammengehalten und verhindern das Eindringen von Keimen. Um das Ei auch vor mechanischen Einflüssen zu schützen, wird es im Eihalter, der sogenannten Kalkkammer, mit einer Kalkschale versehen. Sie besteht aus drei Schichten und ist dadurch sehr stabil. Der Prozess nimmt viele Stunden in Anspruch. Die Schale ist weniger als einen halben Millimeter dick und besteht zu 90 Prozent aus Kalk. In ihr werden Farbpigmente eingelagert, die die Farbe des Eies beeinflussen. Bevor das Ei den Körper verlässt, wird es mit einem feinen Schutzhäutchen, der Kutikula, überzogen.

Eiablage

Für die Eiablage schiebt sich der Eihalter in die Kloake, wodurch das Ei auf dem Weg nach draußen keinen direkten Kontakt mit der Kloake hat und blitzsauber bleibt. Die Oberfläche der Eischale wirkt glatt, weist aber Tausende von Poren auf. Diese ermöglichen einen Gasaustausch zwischen dem Ei-Inhalt und der Umgebungsluft. So können die Embryonen befruchteter Eier während der Brutzeit ausreichend mit Sauerstoff versorgt werden. Nach der Ablage kühlt sich das Innere des Eies ab und schrumpft zusammen. Dadurch bildet sich zwischen den beiden Schalenhäuten am stumpfen Ende des Eies eine Luftkammer. Sie dient bei befruchteten Eiern als Luftreservoir für den Embryo, der gegen Ende der Brutzeit auf Lungenatmung umstellt.

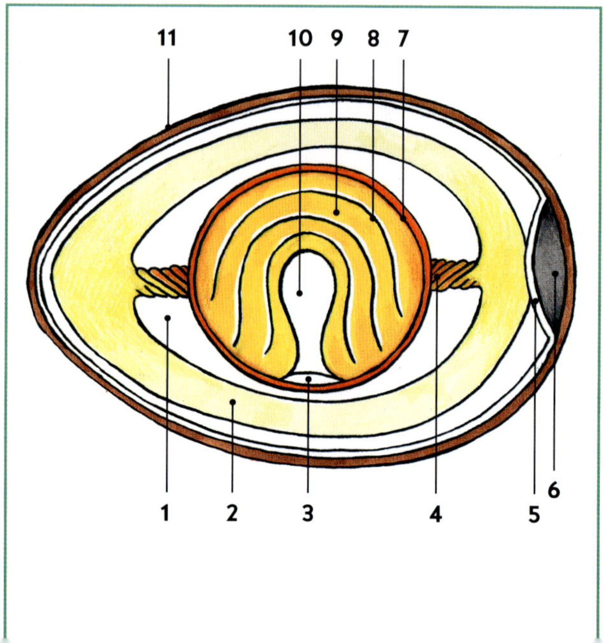

1 dünnflüssiges Eiweiß (Eiklar), 2 dickflüssiges Eiweiß (Eiklar), 3 Keimscheibe (bei befruchteten Eiern), 4 Hagelschnur, 5 Schalenhaut, 6 Luftkammer, 7 Dotterhaut, 8 weißer Dotter, 9 gelber Dotter, 10 Bildungsdotter, 11 Kalkschale

KURIOSE EIER

Bitte nicht wundern, wenn Sie ein Ei im Nest entdecken, das in Form oder Beschaffenheit von der Norm abweicht. Auch im Inneren können sich Überraschungen verbergen.

Die Schale

- ***Windeier:*** Eier ohne feste Kalkschale nennt man Windeier. Dotter und Eiweiß werden nur durch die dünnen Eihäute zusammengehalten. Die Ursache hierfür ist meist ein Kalziummangel. Er kann durch die Gabe von Muschelkalk ausgeglichen werden. Auch eine Erkrankung kann den Stoffwechsel negativ beeinflussen. Windeier findet man nicht nur im Legenest, sondern auch häufig auf dem Kotbrett. Da die harte Schale fehlt, gleitet das Ei bei einer entspannten Hockstellung des Huhns einfach heraus.
- ***Knickeier:*** So bezeichnet man Eier mit beschädigter Schale, bei denen die Eihaut aber noch intakt ist. Meist haben sie eine sehr dünne Schale, die bereits bei der Eiablage Risse bekommt. Knickeier sollten nicht gelagert, sondern umgehend verbraucht werden, da sie rasch verderben.
- ***Brucheier:*** Bei diesen Eiern ist im Gegensatz zu den Knickeiern nicht nur die Schale, sondern auch die Eihaut beschädigt. Darum sollten Sie diese besser entsorgen.
- ***Deformierte Eier:*** Während seiner Produktion rotiert das Ei im Eileiter. Abweichungen von der Form lassen sich auf eine harmlose Funktionsstörung in der Kalkkammer zurückführen. Die Qualität des Eies ist nicht beeinträchtigt.
- ***Raue Schale:*** Unregelmäßige Schalen mit Rillen, Dellen, Faltenwurf oder Ablagerungen weisen in der Regel auf ein Stoffwechselproblem hin, das sich meist von alleine behebt.
- ***Miniatureier:*** Extrem kleine Eier treten häufiger zu Beginn und am Ende einer Legeperiode auf (→ *Seite 129*).

◈ ***Ei im Ei:*** Trifft ein Sparei im Eihalter zufällig mit einem regulären Ei zusammen, werden kurzerhand beide in eine Eischale integriert. Ein Ei im Ei ist aber sehr selten.

Im Dotter

◈ ***Blut im Ei***: Platzt während des Tretakts (→ *Seite 132*) oder beim Lösen der Dotterkugel aus dem Eierstock ein Blutgefäß, wird die Blutung in den Dotter eingeschlossen. Die Eier können Sie bedenkenlos in der Küche verwenden.

◈ ***Spareier:*** Diese Eier sind sehr klein und enthalten keinen Dotter. Ursache ist vermutlich eine Stoffwechselstörung. Dabei kommt es auch ohne Dotterkugel zu einer Eiweißabgabe. Im Eihalter wird das Eiweiß wie gewohnt mit einer Kalkschale ausgestattet. Manchmal legen Junghennen zu Beginn des Legeprozesses einige Spareier.

◈ ***Mehrfachdotter:*** Diese Eier sind überdurchschnittlich groß und enthalten zwei, manchmal sogar drei oder vier Dotter. Bei Junghennen muss sich der Prozess der Eibildung erst hormonell einpendeln. Es kommt vor, dass sich mehrere Dotterkugeln gleichzeitig aus dem Eierstock lösen und auf dem weiteren Weg gemeinsam wie ein Ei verpackt werden. Die Qualität wird dadurch nicht beeinflusst. Bei befruchteten Eiern haben die Embryonen unter normalen Umständen keine Überlebenschance, denn die Nährstoffversorgung ist nur auf ein Küken pro Ei ausgerichtet. Mehrlinge hat die Natur für Hühner nicht vorgesehen.

◈ ***Fleckeier:*** Zuweilen gelangen Fremdkörper in den Eileiter (Tretakt!) und wandern darin hoch. Bei der Eiproduktion werden diese ungebetenen Gäste einfach mit verbaut. Eier mit solch ungewöhnlichem Inhalt nennt man Fleckeier. Fremdkörper können im Eileiter auch einen Eisprung vortäuschen und zur Bildung von Spareiern führen.

◈ ***Gefleckter Dotter:*** Ist die Dotterhaut beschädigt, besteht die Möglichkeit, dass Eiweiß in den Dotter gelangt. Diese Eier kann man jedoch bedenkenlos verzehren.

◈ ***Faule Eier:*** Ist die Eierschale samt Eihaut beschädigt, verschafft dies Bakterien ungehinderten Zugang. Der Inhalt fault, riecht sehr unangenehm und muss entsorgt werden.

◈ ***Bebrütete Eier:*** Mit Brutbeginn schreitet die Entwicklung eines Embryos fort, der sich nun als Keimfleck auf dem Dotter zeigt. Diese Eier bitte nicht mehr verwenden.

Eier, die einen Doppeldotter enthalten, erkennt man oft schon an ihrer außergewöhnlichen Größe. Sie werden auch Zwillingseier genannt.

Ein Sparei (links) und ein Doppeldotterei (rechts) im Vergleich zu einem normalen Hühnerei (Mitte). Der Größenunterschied ist wirklich beachtlich!

Kurios in mehrfacher Hinsicht: Dieses Ei hat eine seltsame Form, die Schale weist Furchen und Rillen auf. Färbung, Oberfläche und Größe gleichen einem Entenei.

RUND UMS EI

VON LEGEHENNEN UND GELEGTEN EIERN

Die Legeleistung spielt auch bei vielen Hobbyhaltern eine wesentliche Rolle. Doch wann beginnen Hennen mit der Eiablage, und warum pausieren sie zwischendurch? Wie lange kann man Eier aufbewahren, und wie sollte die Lagerung aussehen?

LEGEALTER

Das Eierlegen beginnt je nach Rasse mit vier bis sieben Monaten. Am fleißigsten sind einjährige Hühner. Mit den Jahren sinkt die Legetätigkeit deutlich und wird irgendwann ganz eingestellt.

HALTBARKEIT

Eier sind bei Kühlschranktemperatur mindestens 28 Tage haltbar. Voraussetzung ist, dass die Eierschale keinen Schaden genommen hat. Gut durcherhitzt, können sie auch noch danach in der Küche Verwendung finden. Am besten schmecken Eier 4 bis 6 Tage nach dem Legen.

LAGERUNG

Bewahren Sie die Eier am besten in einem Eierkarton oder Ähnlichem auf, um sie vor Fremdgerüchen zu schützen. Lagern Sie sie mit der Spitze nach unten, damit die Eimasse keinen Druck auf die Luftblase am stumpfen Ende des Eies ausüben kann. Verletzungen beeinträchtigen die Haltbarkeit.

EIERFARBE

Ob weiß, braun, grün, bläulich oder gesprenkelt – der Geschmack eines Eies hängt nicht von der Farbe seiner Schale, sondern von der Ernährung der Tiere ab. Trotzdem werden Hühner häufig aufgrund ihrer speziellen Eierfarbe gekauft. Das Auge isst schließlich mit.

GRÖSSE UND GEWICHT

Eigröße und -gewicht sind abhängig von Rasse und Alter der Henne. Zwerghühner legen deutlich kleinere Eier als Großhühner. Auch die Eier von Junghennen sind anfangs meist etwas kleiner. Stoffwechselprobleme können die Eigröße in beide Richtungen beeinflussen. So sind sowohl kleine Spareier ohne Dotter wie übergroße Eier mit Mehrfachdotter möglich. Ein mittelgroßes Ei wiegt 53 bis 63 g.

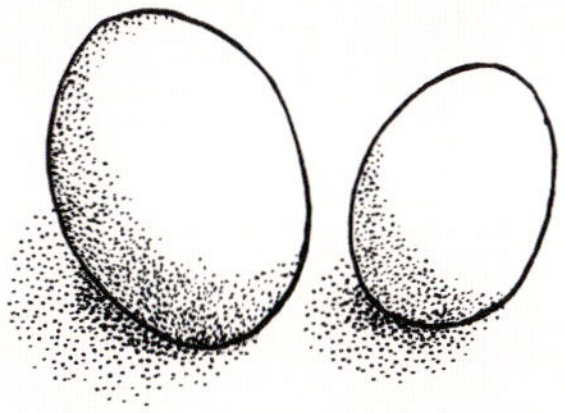

LICHTEINFLUSS

Die Legeleistung wird von der Lichtintensität beeinflusst, sodass die Nester im Winter oft leer bleiben. Durch künstliches Licht können Sie gegensteuern, doch bitte nicht übertreiben (→ *Seite 61*). Eine gute Alternative sind Winterleger.

LEGELEISTUNG

Wie viele Eier eine Henne innerhalb eines Jahres legt, ist abhängig von der Rasse. Die Legeleistung liegt zwischen 80 und 220 Eiern. Auch das Alter des Huhns, die Ernährung und die vorherrschenden Lichtverhältnisse spielen eine entscheidende Rolle. Auf Legeleistung gezüchtete Hybridhühner schaffen es auf mehr als 300 Eier im Jahr!

LEGEPHASEN

Das Eierlegen ist ein anstrengender Job, und die Hennen brauchen ab und zu eine Pause. Wenn die Tage kürzer werden, wird die Ei-Produktion langsam eingestellt. Zum Winterende nehmen die Hennen ihre Arbeit wieder auf. Auch während Mauser, Brut und Kükenaufzucht bleibt das Nest leer.

KLEINE KRAFTPAKETE

WAS STECKT DRIN IM HÜHNEREI?

Sie sind die kleinsten Konserven der Welt, und ihr Inhalt kann sich sehen lassen. Eier liefern viele wichtige Nährstoffe, die sie zu einem wertvollen Baustein der menschlichen Ernährung machen. Trotzdem war der Genuss von Eiern lange Zeit umstritten. Doch neue Studien liefern den Beweis: Eier sind gesund!

CHOLESTERIN, NA UND!

Es ist richtig, dass Eier viel Cholesterin enthalten, und genauso, dass erhöhte Blutfettwerte das Risiko für Herzinfarkt und Schlaganfall erhöhen. Doch Cholesterin ist kein Gift, sondern ein lebensnotwendiger Baustoff unseres Körpers. Deshalb produzieren wir ihn auch größtenteils selbst. Wie viel, entscheiden die Gene. Nur etwa ein Viertel des Cholesterins wird über die Nahrung aufgenommen. Menschen ohne genetische Vorbelastung brauchen sich deshalb um ihren Cholesterinspiegel keine Sorgen machen. Studien belegen, dass der regelmäßige Verzehr von Eiern nur wenig Einfluss darauf hat. Neben den Fetten enthalten Eier nämlich auch Lecithin, einen natürlichen Cholesterinsenker.

Hühner erkennen ihre Pfleger. Sie haben ein überdurchschnittliches Erinnerungsvermögen und können bis zu 100 Gesichter voneinander unterscheiden.

ECHTE ALLROUNDTALENTE

Eier sind wertvolle Energie- und Nährstofflieferanten. Deshalb sollten sie auf unserem Speiseplan ganz weit oben stehen. Der Nährstoffgehalt wird jedoch entscheidend von der Ernährung der Hühner beeinflusst. Studien belegen, dass die Eier artgerecht gehaltener Tiere, die sich in einem großen Auslauf zusätzlich zum Körnerfutter auch mit Insekten, Würmern und Grünkost versorgen können, deutlich höhere Nährwerte aufweisen. Auch jeder Hobbyhalter kann sicher bestätigen, dass die Eier von glücklichen Hühnern besser schmecken als Eier aus dem Supermarkt.

Gut gelaunt durch den Tag

In Eiern steckt jede Menge hochwertiges Eiweiß, darunter die essenzielle Aminosäure Tryptophan. Sie ist für viele wichtige Funktionen im Körper zuständig, kann von diesem aber nicht selbst gebildet werden. Unter anderem reguliert sie den Haushalt des Glückshormons Serotonin sowie

Auch ihnen macht das liebe Federvieh große Freude: Kinder helfen meist gern bei der Versorgung der Hühner, doch das Beste ist die Plünderung der Nester. Ein selbst gesammeltes Ei schmeckt einfach noch mal so gut.

des Schlafhormons Melatonin. Die B-Vitamine im Ei bringen den Stoffwechsel auf Trab, sodass Fette und Kohlenhydrate in Energie umgewandelt werden. Das tägliche Frühstücksei sorgt also am Morgen für einen guten Start in den Tag und am Abend für einen erholsamen Schlaf.

Nur kein Stress

Wer kennt das nicht: Trotz intensiver Bemühungen scheint die To-do-Liste immer länger zu werden. Irgendwann sinkt die Belastbarkeitsgrenze, und die Nerven liegen blank. Vorbeugend sollten Sie Ihrem Körper täglich jene Nährstoffe zuführen, die ihn stressresistenter machen. Greifen Sie zu den falschen Lebensmitteln, sind Defizite vorprogrammiert. Neben Nüssen, Bananen und grünem Gemüse können auch Eier den Stresspegel senken. Sie sind ein guter Vitamin-B12- und Vitamin-D-Lieferant. Auch Magnesium und Eisen unterstützen das Nervenkostüm.

Starke Knochen und Zähne

Vitamin D ist an zahlreichen Stoffwechselvorgängen im Körper beteiligt. So fördert es z. B. die Aufnahme von Kalzium aus dem Magen-Darm-Trakt und dessen Einbau in das Skelett. Vitamin D wird beim Menschen unter dem Einfluss von Sonnenlicht in der Haut gebildet und nur zu einem kleineren Teil über die Ernährung aufgenommen. Doch vor allem im Winter, wenn das Sonnenlicht knapp ist, kann eine vitaminreiche Kost gegensteuern. Eier sind eine natürliche Quelle für starke Knochen und Zähne.

Viel Muskelpower

Für einen erfolgreichen und effektiven Muskelaufbau braucht der Körper nicht nur genug Trainingseinheiten, sondern auch jede Menge Protein. Außerdem wird es zur Reparatur beschädigter Muskelfasern benötigt. Tierische Eiweißquellen haben eine hohe biologische Wertigkeit.

Vermerken Sie das Legedatum am besten direkt auf dem Ei. Verwenden Sie dafür einen Bleistift, damit die Schutzhülle der Schale nicht beschädigt wird.

IST DAS EI NOCH FRISCH?

1 **Sichttest**: Prüfen Sie die Eierschale. Beschädigungen beeinträchtigen die Haltbarkeit.

2 **Schütteltest**: Das Eiklar von älteren Eiern ist dünnflüssig und verursacht beim Schütteln ein glucksendes Geräusch.

3 **Schwimmtest**: Legen Sie das Ei in ein Wasserglas. Bleibt es am Boden, ist es frisch. Ältere Eier richten sich nach oben auf oder schwimmen sogar an der Oberfläche.

4 **Aufschlagtest**: Bei frischen Eiern ist der Dotter gewölbt und das Eiweiß zähflüssig. Ältere Eier haben einen abgeflachten Dotter, und das Eiweiß läuft wässrig auseinander.

5 **Schnuppertest**: Verlassen Sie sich auf Ihre gute Nase. Alte Eier riechen nach dem Aufschlagen sehr unangenehm.

WENN SIE ZWEIFEL AN DER FRISCHE HABEN, DANN SOLLTEN SIE EIN EI BESSER NICHT MEHR VERZEHREN.

Diese gibt an, wie viel Gramm körpereigenes Eiweiß wir aus 100 Gramm Nahrungseiweiß aufbauen können. Eier haben eine biologische Wertigkeit von 100.

Allzeit gute Sicht

Eier enthalten viel Vitamin A und die Vorstufe davon, das Beta-Carotin. Beides wird für die Aufrechterhaltung unterschiedlichster Prozesse in unserem Körper benötigt. Besonders bedeutsam ist Vitamin A für den Sehvorgang. Ein Mangel kann zur Nachtblindheit führen.

Treibstoff für die grauen Zellen

Das in Eiern enthaltene Lecithin kurbelt unsere Gehirntätigkeit an. Zudem hilft es bei Konzentrationsschwierigkeiten und nervlicher Beanspruchung. Es gibt sogar erste Hinweise darauf, dass Lecithin die Vergesslichkeit im frühen Stadium einer Demenz lindern kann.

Powerstoffe

Eier enthalten viele Mineralstoffe wie Zink, Eisen, Kalium, Kalzium und Selen. Eisen spielt vor allem bei der Sauerstoffversorgung des Körpers eine große Rolle. Ein Mangel macht müde, schlapp und krankheitsanfällig. Eier liefern zudem hochwertiges Eiweiß für den Aufbau von Immunzellen. Das im Dotter enthaltene Beta-Carotin schützt vor freien Radikalen und kann das Krebsrisiko senken.

Abnehmen leicht gemacht

Aufgrund ihres hohen Eiweißgehalts haben Eier eine sehr sättigende Wirkung. Zudem enthalten sie kaum Zucker, sodass sie keine Heißhungerattacken auslösen und Studien zufolge sogar das Verlangen nach süßen Snacks eindämmen. Das im Eidotter enthaltene Lecithin aktiviert unsere Leber und unterstützt damit den Entgiftungsprozess.

Beauty-Wunder

Die Vitalstoffe aus Eiern bringen selbst stumpfe und brüchige Haare wieder zum Glänzen. Auch ihre Strapazierfähigkeit steigt. Der hohe Zinkgehalt fördert zudem das Haarwachstum und die Wundheilung. Selen und Folsäure lassen Hautunreinheiten verschwinden.

ALLERLEI VOM EI

Eier schmecken eigentlich jedem und sind vielseitig verwendbar. Mit ihnen lassen sich zahlreiche leckere Gerichte kreieren, wie hier die »Eier alla Saltimbocca« oder die deftigen Omeletts mit Pilzen. Beide Rezepte reichen für 4 Personen.

FÜR »EIER ALLA SALTIMBOCCA« BRAUCHEN SIE:

4 Eier | schwarzer Pfeffer | 4 Scheiben Parmaschinken | 8 Salbeiblätter | 2 EL Olivenöl | 4 kleine Holzspieße

1 Salbei waschen und trocken schütteln. Die Eier 8 Min. kochen. Nach dem Abkühlen schälen, halbieren und pfeffern. Den Schinken der Länge nach halbieren. Die Eierhälften mit jeweils einem Schinkenstreifen umwickeln und daran mit einem Holzspieß ein Salbeiblatt feststecken.

2 Das Olivenöl in einer Pfanne erhitzen. Die Eierhälften darin bei mittlerer Hitze und unter Wenden anbraten, bis der Speck rundum schön knusprig ist. Dann aus der Pfanne nehmen, auf Tellern anrichten und sofort genießen.

FÜR »OMELETTS MIT PILZEN« BRAUCHEN SIE:

500 g braune Champignons | 1 Bund Schnittlauch | 8 Eier | 150 g Frischkäse | Salz | schwarzer Pfeffer | Cayennepfeffer | frisch geriebene Muskatnuss | 60 g Butter

1 Die Pilze putzen, mit einem trockenen Tuch abreiben und in Scheiben schneiden. Den Schnittlauch waschen und klein schneiden. Die Eier einzeln in eine Schüssel aufschlagen und verquirlen. Dann den Frischkäse unterrühren und alles mit den Gewürzen pikant abschmecken.

2 Die Pilze in 20 g zerlassener Butter anbraten, mit Salz, Pfeffer und Schnittlauch vermischen und warm halten. Dann aus der Eiermasse nacheinander in je 20 g zerlassener Butter zwei Omeletts backen und mit den Pilzen anrichten.

1

2

TIPP

So klappt's: Die Omeletts bei kleiner Hitze für 3–4 Min. stocken lassen. Sobald die Ränder fest werden, die Pfanne leicht kippen und die Omeletts in 2,5 Min. fertig garen.

PROBLEME LÖSEN

ALLES HALB SO SCHLIMM

Hühner sind ein vergnüglicher Zeitvertreib. Gibt es Schwierigkeiten, lassen sie sich größtenteils auf ungünstige Haltungsbedingungen zurückführen und ebenso schnell beheben, wie sie gekommen sind. Nicht selten entpuppt sich ein vermeintliches Problem auch als ganz natürliche Verhaltensweise.

EIER VERLEGT

Trotz der angebotenen Legenester findet man immer wieder Eier auf dem Stallboden oder im Auslauf. Einzelfälle sind nicht so tragisch. Unerfahrene oder neu integrierte Hennen müssen sich manchmal erst zurechtfinden. Kommt es regelmäßig vor, dass Eier verlegt werden, ist das nicht nur ärgerlich, sondern kann auch ernste Folgen haben. Oft gehen die Eier dabei zu Bruch, und eh man sich's versieht, hat man auch noch einen Eierfresser (→ *Seite 111)* in der Herde. Überprüfen Sie Ihre Legenester. Sind sie groß genug, gemütlich ausgepolstert und stehen an einem dunklen Plätzchen? Ist der Stall insgesamt zu hell, sorgt ein Sackleinen vor den Legenestern für die richtige Atmosphäre. Ein zusätzliches Nest kann auch nicht schaden. Hühner legen etwa um die gleiche Zeit. Da kommt es schnell mal zum Stau. Legen Sie ein paar Eier aus Gips oder Kunststoff in die Nester, das sorgt für bessere Akzeptanz.

Eine Schierlampe schafft bereits in frühen Stadien Gewissheit: Bei befruchteten Eiern ist ein Netz von Blutgefäßen sichtbar, die »Blutspinne«.

VERSCHMUTZTE EIER

Da freut man sich schon auf die Nestplünderung, doch was man findet, ist wenig appetitlich – die Eier sind stark verschmutzt. Das optische Problem lässt sich leicht beheben, indem Sie die Eier mit einem feuchten Papiertuch reinigen. Bitte nicht zu sehr reiben oder gar unter fließendem Wasser abwaschen, da dadurch die Schutzfunktion der Schale beeinträchtigt wird und Keime ins Innere des Eies eindringen können. Wichtiger ist jedoch, die Ursache der Verunreinigung aufzuspüren. Haben die Hühner keinen »Fußabtreter« vor dem Ausschlupf, tragen sie den Schmutz aus dem Auslauf in den Stall und manchmal bis ins Legenest. Deshalb gehört es zu Ihren täglichen Pflichten, die Nester zu kontrollieren, wenn nötig zu säubern und neu einzustreuen. Ein weiterer Grund für die Verschmutzung kann eine erkrankte Henne sein. Durchfall verklebt die Federn um die Kloake, und der Kot wird nach der Eiablage auf das Ei übertragen. Ein Gesundheitscheck (→ *Seite 95*) verrät, ob Sie weitere Maßnahmen ergreifen müssen.

MINIATUREIER

Dass Zwerghühner kleinere Eier legen als große Rassen, ist sonnenklar. Doch auch Junghühner steigen oft mit Miniatureiern in die Legeproduktion ein. Diese Vorläufer sind deutlich kleiner als herkömmliche Eier, weichen manchmal auch von der Form ab und enthalten nicht immer einen Dotter. Innerhalb weniger Tage passt sich die Größe jedoch an den Normalzustand an. Legt eine Henne dauerhaft kleine Eier, kann eine Erkrankung vorliegen. In diesem Fall sollten Sie besser einen Tierarzt aufsuchen.

LEERE NESTER

Da Ihnen bei der Hühnerhaltung die Eier besonders wichtig sind, haben Sie sich für eine Rasse mit hoher Legeleistung entschieden. Und trotzdem bleiben die Nester dauerhaft leer? Am Umzugsstress kann es nicht liegen, denn der ist nach wenigen Tagen vergessen. Kontrollieren Sie sicherheitshalber den Auslauf. Womöglich boykottieren Ihre Hennen die Legenester und bunkern ihre Eier außerhalb des Stalles. Werden Sie nicht fündig, sind Ihre Hennen vermutlich noch zu jung. Je nach Rasse ist die Geschlechtsreife mit etwa vier bis sieben Monaten erreicht. Der Verkäufer hat Ihnen versichert, dass die Hennen schon legereif sind? Auf dem Tiermarkt wird schon mal geflunkert, wenn man die Hennen an den Mann bringen will. Kaufen Sie beim nächsten Mal bei einem seriösen Züchter. Inzwischen sollten Sie sich in Geduld üben. Irgendwann liegt das erste Ei im Nest, und es werden garantiert noch viele folgen.

KÜKENALARM

Sie haben sich so auf den Nachwuchs im Hühnerstall gefreut, doch aus den 15 Bruteiern sind gerade mal 6 Küken geschlüpft. Dabei haben Sie gut für die Glucke gesorgt und regelmäßig nach ihr geschaut. Was ist passiert? Eine Henne hat ihr Brutgeschäft in der Regel gut im Griff, sodass Sie sich um nichts sorgen müssen. In sehr seltenen Fällen kommt es jedoch vor, dass sie das Brüten ohne ersichtlichen Grund abbricht. Sind einige Küken geschlüpft, ist das aber ein Zeichen dafür, dass die Glucke ihren Job gut erledigt hat. Vermutlich waren die anderen Eier unbefruchtet. Es kommt auch vor, dass ein Küken zu schwach ist und es nicht allein aus dem Ei schafft. Wollen Sie es genau wissen, hilft nur ein Blick ins Ei (→ *Seite 128*).

Die Schlupfphase ist ein langwieriger und anstrengender Prozess, den nur gesund entwickelte und kräftige Küken wohlbehalten überstehen.

MÄNNLICHE HENNE

Zuweilen ist zu beobachten, dass auch Hennen männliche Verhaltensweisen entwickeln. Ursache ist ein gestörter Hormonhaushalt. Man vermutet, dass der Eierstock der Tiere während der Mauser inaktiv ist. Die Hennen stellen also nicht nur die Eierproduktion ein, sondern bilden auch nicht mehr genügend Hormone für die weibliche Befiederung. Die nachwachsenden Federn ähneln denen der Hähne, und die Henne versucht sich auch schon mal im Krähen. Ist die Mauser vorbei, nimmt der Eierstock seine Tätigkeit wieder auf. In welchem Outfit sich die Henne nach dem nächsten Federwechsel präsentiert, ist unklar. Kleid oder Frack – beides ist möglich!

SEX UND MUTTERFREUDEN

... UND DIE BEZAUBERNDEN KÜKEN

Paarung, Eiablage, Brut und Schlupf – bei den Hühnern geht alles ganz fix. Nicht mal einen Monat muss man warten, bis man sich an den flauschigen Küken erfreuen und sie beim Aufwachsen beobachten kann. Bei einer Naturbrut übernimmt die Glucke alle Mutterpflichten, und Sie dürfen ganz entspannt zuschauen.

ELTERNAUSWAHL

Spätestens, wenn eine Henne brütig wird, denkt man auch als Hobbyhalter über eine eigene Nachzucht nach. Meist möchte man einfach nur den Kreislauf des Hühnerlebens studieren, die Brut und das Schlüpfen hautnah miterleben und sich am Aufwachsen der niedlichen Küken erfreuen. In diesem Fall können Sie die Henne einfach ihrem Brutgeschäft nachgehen lassen. Grundsätzlich sollten die Elterntiere natürlich gesund, kräftig, gut genährt und der Hahn nicht zu alt sein. Steht die Vererbung bestimmter Rassemerkmale im Vordergrund, müssen Sie sorgfältiger planen. Ist Ihr Hahn überhaupt geeignet? Die Eier welcher Hennen sollen ausgebrütet werden, und können Sie diese der jeweiligen Henne zuordnen? Für den Anfänger ist es meist einfacher, sich die gewünschten Bruteier beim Züchter zu besorgen und der brutwilligen Henne unterzulegen.

BALZTANZ

Die Initiative zur Paarung geht immer vom Hahn aus. Doch nur wenn die Auserwählte mitspielt, kommt es zum sogenannten Tretakt. Dafür greift der Hahn tief in die Trickkiste. Zuerst lockt er die Damen an, indem er ihnen mit Lauten und Körpersprache vorgaukelt, eine neue Futterquelle oder das perfekte Nest gefunden zu haben. Hat er Aufmerksamkeit erregt, umrundet er die Auserwählte in immer engeren Kreisen und nimmt dabei eine steife Haltung ein. Der Flügel, der zur Außenseite zeigt, wird gesenkt und kratzt mit gespreizten Federn über den Fuß. Ist die Henne dem Hahn gewogen, duckt sie sich ab, damit er sie besser besteigen kann. Mit gespreizten Flügeln balanciert er auf der Henne. Um nicht abzustürzen, klammert er sich mit dem Schnabel an ihrem Halsgefieder fest (Nackenbiss).

Die Daunenfedern der Küken, die auch im Untergefieder erwachsener Tiere zu finden sind, besitzen keine Hakenstrahlen. Dadurch ist das Gefieder sehr flauschig und wärmt gut.

PAARUNG

Die eigentliche Begattung, bei der die Hühner ihre Kloaken fest aufeinanderpressen, dauert nur wenige Sekunden bis knapp eine Minute. Dabei tropft das Sperma des Hahns in die Kloake der Henne. Die Spermien wandern in den Eileiter und können dort bis zu zwei Wochen gebunkert werden. Eine Paarung reicht also zur Befruchtung mehrerer Eier aus. Das hält den Hahn aber nicht davon ab, gleich den nächsten Paarungsversuch zu starten. Kaum ist er abgestiegen, stolpert er wieder über seinen Flügel, eilt davon und begibt sich erneut auf Brautschau. Die Henne ist nach einem kräftigen Schütteln des Gefieders wieder salonfähig. Die Fortpflanzungsfreudigkeit ist abhängig von Rasse, Alter und der Jahreszeit. Die Hähne leichter Rassen treten 30- bis 50-mal am Tag. Darunter kann das Gefieder der Hennen leiden. Dann hilft ein Hühnersattel aus dem Fachhandel.

BRUTWILLIGKEIT

Wenn Sie von vornherein eine Nachzucht planen, sollten Sie schon beim Kauf auf die Brutwilligkeit der einzelnen Rassen achten. Wann es letztlich so weit ist, lässt sich nicht vorhersagen. Eine Naturbrut kann man nicht erzwingen. Dafür haben Sie kaum Arbeit damit, denn die Henne hat alles fest im Griff. Sie können das faszinierende Naturschauspiel völlig entspannt genießen. Die Anzeichen für eine Brütigkeit sind nicht zu übersehen. Die Henne plustert sich auf, hockt ständig im Legenest und weigert sich strikt, es zu verlassen. Helfen Sie nach, zeigt sie sich kratzbürstig. Kaum haben Sie sich umgedreht, hat die starrsinnige Dame schon wieder das Nest blockiert. Nun müssen Sie entscheiden, ob und wie Sie den Bruttrieb nutzen wollen.

Balanceakt: Zur Paarung besteigt der Hahn die auserwählte Henne. Bei fehlender Mitwirkung muss er unverrichteter Dinge seiner Wege ziehen.

NESTSUCHE

In einem geräumigen Stall brauchen Sie die Henne nicht zwangsläufig von ihren Artgenossen zu trennen. Sind Störungen zu erwarten, können Sie ihr ein separates Abteil einrichten. So bleibt sie in Kontakt zur Herde, ohne sich um ihre Eier sorgen zu müssen. Vergessen Sie bitte nicht das Füttern und denken Sie auch an ein zusätzliches Sandbad. Falls Sie das von der Henne ausgewählte Legenest nicht einfach umstellen können, müssen Sie ihr eine neue, gemütliche Unterkunft anbieten. Das kann z. B. eine gut mit Heu ausgepolsterte Holzkiste sein. Doch Vorsicht, Hennen sind sehr wählerisch. Auch wenn sie keinen großartigen Nestbau betreiben und nur eine einfache Mulde formen, sind sie noch längst nicht mit allem zufrieden. Wenn ihnen der zur Verfügung gestellte Platz nicht zusagt, gehen sie selbst auf Nestsuche. So landen die Eier auch schon mal im Auslauf unter einem Busch.

EIABLAGE UND BRUT

Von nun an legt die Henne jeden Tag ein Ei in ihr Nest. Haben die Artgenossen Zugang, legen sie vielleicht das eine oder andere dazu. Erst wenn 10 bis 15 Eier zusammengekommen sind, setzt sich die Glucke für eine Brutdauer von 21 Tagen auf die Eier. So ist gewährleistet, dass alle Küken zur gleichen Zeit schlüpfen. Jetzt ist Ihre Chance gekommen, die Eier gegen Bruteier Ihrer Wahl auszutauschen. Die Glucke wird sich nicht daran stören. Sie verlässt das Nest jetzt nur noch zum Fressen, Trinken und Sandbaden. Sorgen Sie dafür, dass genug Futter in Reichweite bereitsteht. Nähert sich während dieser Auszeit eine andere Henne dem Nest, rennt die Glucke sofort herbei und verscheucht sie mit lautem Gezeter. Bevor sie sich wieder setzt, kontrolliert sie die Eier und schiebt sie bei Bedarf enger zusammen, damit alle gleichmäßig gewärmt werden. Darum wendet sie die Eier auch mehrfach am Tag mit dem Schnabel, sodass die kühlere Unterseite nach oben gelangt.

Regelmäßig ruft die Glucke ihre Küken zusammen und lässt sie zum Aufwärmen unter ihre Flügel schlüpfen. Dieses Verhalten bezeichnet man auch als Hudern.

Jeder Freigang ist zugleich eine Lehrstunde in Nahrungsmittelkunde. Die Glucke zeigt, welches Futter genießbar ist, und hilft ggf. bei der Zerkleinerung.

Lockerung der Familienbande: Nach etwa zwei Monaten geht die Glucke ihre eigenen Wege, und der Nachwuchs muss von nun an selbst zurechtkommen.

Kunstbrut

Bei der Kunstbrut werden die Küken nicht von einer Glucke ausgebrütet. Die Bruteier kommen stattdessen in einen Brutapparat. Die Vorteile sind der frei wählbare Zeitpunkt für die Brut, die gezielte Auswahl und die größere Menge an Eiern, die man gleichzeitig bebrüten kann.

Da die Henne fehlt, muss man jedoch selbst für ideale Brutbedingungen sorgen. Lesen Sie sich deshalb die Bedienungsanleitung des Brutapparats gründlich durch und starten Sie vor dem Einlegen der Eier einen Probelauf. Die richtige Temperatur und Luftfeuchtigkeit sowie das regelmäßige Wenden der Eier sind entscheidend für den Bruterfolg. Auch nach dem Schlupf liegt das Wohlergehen der Küken in Ihren Händen. Die Kleinen haben unter anderem ein hohes Wärmebedürfnis, dem Sie mit speziellen Wärmelampen aus dem Fachhandel gerecht werden müssen.

EMBRYONALENTWICKLUNG

Die Entwicklung des Kükens beginnt schon lange vor der Eiablage und Brut. Bereits drei Stunden nach der Befruchtung setzt die Zellteilung ein. Bei einem befruchteten Ei erkennt man auf dem Eigelb einen weißen Punkt, den Keimfleck. Nach dem Legen wird die Entwicklung des Embryos unterbrochen und erst mit der Bebrütung fortgeführt. Innerhalb der nächsten 21 Tage entwickelt sich aus dem Keimfleck ein Küken. Das Hühnerei enthält alle zur Entwicklung des Embryos notwendigen Stoffe. Aus der Umgebung werden allein Sauerstoff und Wärme benötigt.

- ***1. Bruttag:*** Der Keimfleck vergrößert sich. Gehirn, Zentralnervensystem, Kopf und Augen entwickeln sich.
- ***2. Bruttag:*** Das Herz beginnt zu schlagen.
- ***3. Bruttag:*** Nase, Flügel und Beine bilden sich aus.
- ***4. Bruttag:*** Fast alle Organe sind schon ausgebildet. Am auffälligsten ist das Gehirn mit seinen Augenansätzen.
- ***5. Bruttag:*** Die Fortpflanzungsorgane entwickeln sich. Das Geschlecht ist nun festgelegt.
- ***6. Bruttag:*** Gliedmaßen und restliche Organe bilden sich aus. Der Kopf ist der größte Teil des Embryos.
- ***10. Bruttag:*** Füße, Flügel und Schnabel sind ausgebildet. Der Embryo sieht schon aus wie ein Vogel. Die ersten Federn zeigen sich als schwarze Pünktchen.

- ***14. Bruttag:*** Das sich entwickelnde Küken dreht seinen Kopf in Richtung des stumpfen Eiendes.
- ***16. Bruttag:*** Der Schnabel verhärtet sich.
- ***20. Bruttag:*** Das Küken macht sich zum Schlupf bereit.

SCHLUPF

Ein bis zwei Tage vor dem Schlupf kündigen sich die Küken mit leisem Piepsen an. Dabei kommunizieren sie nicht nur mit ihrer Mutter, sondern auch untereinander. Wie sie den Zeitpunkt ihres gemeinsamen Schlupfes festlegen, ist noch nicht geklärt, doch die Absprache macht Sinn. Nur wenn alle Küken relativ zeitgleich schlüpfen, kann ihre Mutter sie umfassend versorgen. Bis zum 20. Bruttag liegt der Kopf des Kükens unter einem Flügel versteckt. Danach wird er angehoben und drückt mit dem sogenannten Eizahn an der Schnabeloberseite ein Loch in die Schale. Nun dreht sich das Küken um die eigene Achse und stemmt sich dabei gegen die Eiwände. Auf diese Weise wird die Eierschale kreisförmig perforiert. Das Küken streckt den Nacken, hebt den Deckel ab und schlüpft heraus. Die Glucke leistet dabei keine Hilfestellung. Während des Trocknens entfaltet sich langsam der typische Kükenflaum. Anfangs zehren die Kleinen noch von den Resten ihres Dottersacks, den sie kurz vor dem Schlupf durch den Nabel eingezogen haben. Ist er aufgebraucht, muss die Glucke das Nest verlassen, um die Küken zu neuen Nahrungsquellen zu führen. Bis dahin sollten auch die Nachzügler geschlüpft sein. Wer es nicht allein aus dem Ei geschafft hat, ist nicht überlebensfähig.

DIE ERSTEN TAGE

Hühnerküken sind Nestflüchter. Trotzdem werden sie in den ersten Wochen liebevoll von ihrer Mutter umsorgt. Sobald die Kleinen gut getrocknet sind, lockt die Glucke sie aus dem Nest. Nutzen Sie den Ausflug, um die restlichen Eierschalen zu entfernen, das Nest zu säubern und frisch einzustreuen. Für die Küken beginnt derweil die erste Trainingsstunde in Sachen Futtersuche. Das Scharren und Picken erfolgt instinktiv, doch welche Nahrung geeignet ist, müssen die Küken erst von ihrer Mutter lernen. Sie lenkt ihre Aufmerksamkeit auf hochwertiges Futter, indem sie es aufpickt, kurz im Schnabel behält, es wieder fallen lässt und erneut aufpickt. Die Kleinen imitieren aber nicht nur das Verhalten der Glucke, sondern lernen auch untereinander. Hat ein Küken etwas Ungenießbares gepickt und reagiert mit Abscheu, meiden es die Geschwister. Anfangs drängen sich die Küken noch eng an ihre Mutter. Ab dem vierten Tag streunen sie schon ein bisschen herum, entfernen sich aber nicht weiter als zwei bis drei Meter. Achten Sie darauf, dass sie den Stall nicht verlassen können, denn die kleinen Flauschbälle sind ein beliebtes Angriffsziel von Katzen. Hören sie den Lockruf der Mutter, eilen die Küken rasch herbei und huschen zum Aufwärmen unter ihr Gefieder.

/// TIPP ///

AMMENPFLICHTEN

In den ersten Tagen nach dem Schlupf können Sie der Glucke problemlos gleichaltrige Kinder einer anderen Henne oder aus der Brutmaschine untermogeln. Der beste Zeitpunkt für die Adoption ist abends vor dem Schlafengehen. Dann kann sich die neue Patchworkfamilie über Nacht aneinander gewöhnen. Die Glucke führt und beschützt die fremden Küken ebenso wie ihre eigenen.

VOM KÜKEN ZUM JUNGHUHN

Ab der dritten Lebenswoche unternehmen die Küken schon ausgedehntere Erkundungsgänge auf eigene Faust. Ihr Gefieder bildet sich weiter aus, daher brauchen sie weniger Wärme. Bei Gefahr lockt die Glucke sie nicht mehr unter ihre Flügel, sondern signalisiert, dass sie sich verstecken sollen. Die Hühnerfamilie freut sich über einen Ausflug in den Garten, braucht hier aber besonderen Schutz. Die Glucke verteidigt ihre Kinder zwar vehement gegen jeden Angreifer, doch ihre Chancen stehen nicht immer gut. Ideal ist ein kleiner Auslauf, der auch nach oben abgesichert ist. Ab sechs bis acht Wochen kann man das Geschlecht der Küken erkennen, die von nun an als Junghühner bezeichnet werden. Hennen lassen sich gut in die bestehende Herde integrieren. Hähne, die Sie nicht selbst behalten können, sollten in gute Hände abgegeben werden.

SELBER MACHEN

REGENWURM-FARM

Ist der Auslauf nicht groß und die Ausbeute an tierischem Eiweiß gering, können Sie Ihre Hühner mit Regenwürmern aus der eigenen Zucht verwöhnen. Die Wurmfarm ist rasch angelegt, und Ihr Bioabfall findet hier noch eine super Verwendung.

SIE BRAUCHEN:

eine verschließbare Box aus unbehandeltem Holz oder undurchsichtigem Plastik (ca. 60 × 40 × 75 cm) mit sehr kleinen Luftlöchern | unbehandelte Erde bzw. spezielle Wurmzuchterde | einige selbst gesammelte oder im Fachhandel gekaufte Regenwürmer (Kompostwürmer) | Zeitungspapier | Pappschnitzel | 1 Handvoll Laub | mehrere kleine Holzstücke | diverse Küchenabfälle

1 Legen Sie die Box mit Zeitungspapier aus. Geben Sie Pappschnipsel, gehäckseltes Laub und kleine Holzstücke darauf. Anschließend füllen Sie 10 bis 15 cm hoch Erde hinein. Wenn Sie die Würmer selbst sammeln, verwenden Sie am besten Substrat vom Fundort. Mischen Sie in Wasser eingeweichte und gut ausgedrückte Papierschnipsel unter. Auch Filtertüten mit Kaffeesatz und benutzte Teebeutel sind bei den Würmern beliebt.

2 Setzen Sie die Kompostwürmer in das vorbereitete Substrat, schließen Sie den Deckel und stellen Sie die Box an einem warmen (15–25 °C), aber dunklen Ort auf. Auf das Geschlecht brauchen Sie übrigens nicht achten. Regenwürmer sind Zwitter und befruchten sich gegenseitig.

3 Je nach Besatzdichte sollten Sie die Würmer alle drei bis fünf Tage füttern. Als Nahrung eignen sich Gemüse- und Obstreste, zerkleinerte Eierschalen, Teebeutel, Kaffeesatz, Laub und feuchtes Verpackungsmaterial, wie z. B. Eierkartons. Mischen Sie alles gut unter und feuchten Sie die Erde, wenn nötig, mit etwas Wasser an. Leichtes Einsprühen genügt. Bitte keine Staunässe verursachen!

4 Es dauert einige Zeit, bis der erste Nachwuchs schlüpft. Doch von da an können Sie regelmäßig Würmer absammeln. Ihre Hühner freuen sich garantiert!

TIPP

Mit einer mehrstöckigen Wurmfarm aus dem Fachhandel können Sie auch die Nebenprodukte der Würmer (Wurmtee, Wurmkompost) regelmäßig als Dünger nutzen.

1

2

CHARAKTERKÖPFE

TIERE MIT CHARME UND PERSÖNLICHKEIT

Erforschen Sie die Wesenszüge Ihrer Hühner und passen Sie die Haltungsbedingungen und Ihren Umgang mit den Tieren dementsprechend an.

Jede Hühnerrasse zeichnet sich durch besondere Merkmale aus. Sie sind nicht nur körperlicher Natur, sondern geben auch Aufschluss über Wesen und Charakter. So zeigen sich einige Rassen sehr zutraulich und bodenständig, andere sind rauflustig oder draufgängerisch und erkunden schon mal die andere Seite des Zauns.

Jeder Halter stellt spezielle Ansprüche an seine Tiere. Eine Auswahl anhand der typischen Rassemerkmale ist sicher sinnvoll. Doch bei aller Theorie sollten Sie nicht vergessen, dass jedes Huhn eine eigenständige Persönlichkeit ist, die mit besonderen Vorzügen glänzt, aber auch ihre Eigenarten und Macken hat. So verbergen sich unter den zutraulichen Rassen durchaus kleine Angsthasen. Vertreter lebhafter Rassen, denen man Zurückhaltung bescheinigt, zeigen sich stattdessen anhänglich und zahm. Ein stattlicher Kämpfer entpuppt sich als Schoßhuhn, und eine bodenständige Henne packt plötzlich die Abenteuerlust. Akzeptieren Sie bitte, wenn ein Tier nicht bis aufs i-Tüpfelchen Ihrer Wunschliste entspricht. Hühner sind eben Individualisten!

ECHTE ABENTEURER

Eine offene Tür, ein Loch im Stall, ein zu niedriger oder zu weitmaschiger Zaun – echte Draufgänger warten nur auf eine günstige Gelegenheit, um endlich auszubüxen. Sie wollen jeden Tag etwas Spannendes erleben und gehen dafür so manches Risiko ein.

KAMPF-LUSTIG

Die Rangfolge ist längst geklärt, doch immer wieder gibt es Stress im Hühnerhof? Vermutlich verbirgt sich unter Ihren Tieren ein kleiner Raufbold, der nicht aus Karrieregründen, sondern aus purem Spaß die Hühnertruppe aufmischt. Sorgen Sie für reichlich Abwechslung, damit er auf andere Gedanken kommt. Bei reiner Hennenhaltung kann ein Hahn für Ordnung sorgen.

IMMER BEI FUSS

Der Futterbringer ist immer gern gesehen. Doch einige Hühner scheinen in ihren Halter richtig vernarrt zu sein. Kaum betritt er das Gehege, flitzen sie heran und weichen ihm nicht mehr von der Seite. Treu wie ein Hund begleiten sie ihn auf seinen Wegen durch Stall und Auslauf und stauben dabei so manche Leckerei ab. Ist das echte Liebe? Oder doch nur Berechnung? Einem cleveren Huhn ist beides zuzutrauen.

KLEINE ANGSTHASEN

Zeigt sich ein Huhn besonders ängstlich, kann das am Naturell, aber auch an schlechten Erfahrungen liegen. Hier hilft nur viel Geduld und Einfühlungsvermögen – und eine Handvoll Leckereien.

PHYTOTHERAPIE FÜR HÜHNER

VON DER HEILKRAFT DER PFLANZEN

SIE IST SEIT JAHRTAUSENDEN BESTANDTEIL VIELER MEDIZINSYSTEME. HEUTE WIRD DAS ALTE WISSEN ERGÄNZT DURCH WISSENSCHAFTLICHE STUDIEN ZUR WIRKUNG PFLANZLICHER INHALTSSTOFFE.

DR. DORIS GANSINGER, Fachtierärztin für Geflügel und Mitglied im Arbeitskreis Phytovet, beschäftigt sich seit über 20 Jahren intensiv mit dem Einsatz von Kräutern beim Federvieh. Ihr umfangreiches Fachwissen gibt sie in Büchern, Fachartikeln und auf zahlreichen Vortragsveranstaltungen weiter. Zudem entwickelt sie spezifische Kräuterfuttermittel für Geflügel.

In den letzten Jahren hat die Kräuterheilkunde einen großen Aufschwung erfahren. Woran liegt das, und was genau zeichnet die Phytotherapie aus?

Doris Gansinger: Die Phytotherapie ist eine »Vielstofftherapie«, das heißt, in den Zubereitungen werden hochkomplexe Pflanzenstoffmischungen verwendet. Interessant ist in diesem Zusammenhang, dass viele sekundäre Pflanzeninhaltsstoffe in Kombination oft viel wirksamer sind als die Einzelsubstanzen – das macht die in der Phytotherapie übliche Anwendung von Pflanzenkombinationen, wie sie jedem Anwender von Teemischungen geläufig sind, sinnvoll und stellt einen großen Unterschied zur konventionellen Therapie dar, bei der ja überwiegend chemische Einzelsubstanzen eingesetzt werden.

Wie kann die Phytotherapie in der Hühnerhaltung zum Einsatz kommen?

Doris Gansinger: Es gibt eine Reihe von Kräutern, die sich klein geschnitten in frischem oder getrocknetem Zustand verwenden lassen (→ *Info*). Auch die Zubereitung von Tees, die dann der Tränke zugegeben werden, ist bei vielen Kräutern (Kamille, Thymian, Salbei) möglich. Erfahrungsgemäß finden vor allem frische Kräuter und Kräutertees bei den Tieren großen Anklang. Forschungen haben gezeigt, dass sowohl Wild- als auch unsere Haustiere, wenn sie bei der Futterwahl die Möglichkeit dazu haben, Pflanzenstoffe gezielt zur Erhaltung und Wiederherstellung ihrer Gesundheit aufnehmen – deshalb sollte die Phytotherapie für Hühner bereits im Auslauf beginnen, indem man für das Geflügel geeignete Heilkräuter pflanzt. Der Kräutereinsatz setzt sich dann sinnvollerweise bei der Fütterung durch gezielte Kräuterzugaben fort. Als Bestandteil des Futters können Kräuter die Gesundheit von Tieren fördern und stärken.
Die Effekte von Kräutern und Pflanzenstoffen kann man am zuverlässigsten in standardisierten Produkten nutzen, da sie einen immer gleichbleibenden Gehalt an wirksamen Inhaltsstoffen gewährleisten. Für Geflügel sind mittlerweile

Von Kükenbeinen an kann die Phytotherapie zur Stärkung der Vitalität und Gesundheit beitragen.

sowohl für die Anwendung über das Futter als auch über das Trinkwasser eine ganze Reihe standardisiert hergestellter Pflanzenprodukte im Handel, die aufgrund ihrer vielfältigen Einsatzmöglichkeiten ein sehr interessantes, zusätzliches Hilfsmittel zur Gesunderhaltung eines Bestands darstellen – und das weitgehend nebenwirkungsfrei.

Wann ist die Phytotherapie bei Hühnern angezeigt?

Doris Gansinger: Die Phytotherapie kann man in allen Phasen erhöhter physischer und psychischer Belastungen einsetzen, wie z. B. bei Krankheiten und Immunschwäche, Stress und Stoffwechselstörungen. Die Phytotherapie eignet sich sehr gut zur gezielten Unterstützung von Organsystemen und Stoffwechselabläufen. So kann man beispielsweise mit Pflanzenmischungen den Mineralstoffhaushalt unterstützen und damit beim wachsenden Jungtier Wachstumsstörungen (Rachitis) und bei der Legehenne brüchigen Eischalen vorbeugen. Bei Tieren, die zu wenig Futter aufnehmen (immer wieder ein Problem bei neu eingestallten Tieren), lassen sich mit Kräutergaben der Appetit anregen und die Futteraufnahme steigern. Bei gut legenden Hühnern (»und jeden Tag ein Ei«) ist die Leber enorm belastet – hier wirken Kräuter der Entstehung einer Fettleber entgegen. Über eine Stärkung der Darmphysiologie helfen Kräuter auch bei zu weichem Kot und einer Belastung mit Darmparasiten (Kokzidien, Würmer, → *Seite 109*). Nicht zuletzt kann die Phytotherapie bei einem Befall mit der Roten Vogelmilbe den Tieren Erleichterung verschaffen. Fazit ist, dass Hühner durch einen regelmäßigen Einsatz von Kräutern insgesamt weniger anfällig sind und alle Problemphasen ihres Hühnerlebens besser überstehen.

Was muss ich bei der Phytotherapie beachten?

Doris Gansinger: Unter keinen Umständen sollte man beim Geflügel pflanzliche Forte-Drogen (stark wirksame Präparate), Giftpflanzen oder in ihrem Bestand durch Übernutzung bedrohte Heilpflanzen verwenden. Kräuter werden als Hausmittel seit jeher bei leichten Gesundheitsstörungen von erfahrenen Tierhaltern in Eigenregie angewendet. Der Einsatz dieser pflanzlichen Hausmittel darf aber keinesfalls dazu führen, dass Tiere zu spät, falsch oder unzureichend behandelt werden! Bei unklaren Symptomen oder einer Verschlechterung des Krankheitsbildes ist immer und frühestmöglich ein Tierarzt zurate zu ziehen.

Gibt es vielleicht ein Hausmittel für Hühner, das Sie uns zum Abschluss empfehlen können?

Doris Gansinger: Wenn bei der Hühnerschar Aufregung herrscht, hilft ein ***Beruhigungstee***:
Hierzu 3 TL Lavendelblüten mit 2 Tassen heißem Wasser übergießen. Mehrere Gaben über den Tag verteilt mit der Tränke verabreichen und zusätzlich im Stall über den Hühnern fein versprühen (Wäschesprüher). Achtung: Bitte ausschließlich Echten Lavendel verwenden, da nur dieser das beruhigende Linalylacetat enthält!
Bei vorübergehend weichem Kot oder leichtem Durchfall kann ein ***Durchfalltee*** Abhilfe schaffen:
Hierzu 2 TL Schwarzteeblätter und 500 ml Wasser 2 Min. kochen und 10 Min. ziehen lassen. Davon 5 EL drei- bis viermal täglich pro 5 Tiere mit der Tränke verabreichen.
Falls nach ein bis zwei Tagen keine Besserung eintritt, unbedingt den Tierarzt aufsuchen und eine Kotuntersuchung durchführen lassen.

Pflanzenmischungen unterstützen den Mineralstoffhaushalt und können somit Wachstumsstörungen bei Jungtieren vorbeugen.

INFO

Beispiele für geeignete Kräuter: Kamille, Schafgarbe, Kümmel, Koriander, Salbei, Eibisch, Anis, Dill, Fenchel, Thymian, Gänsefingerkraut, Löwenzahn, Pfefferminze, Spitzwegerich, Schnittlauch.

REGISTER

Die **halbfett** gesetzten Seitenzahlen verweisen auf Abbildungen.

A

Alleinfutter 90
Anatomie 12–14
Araucana 38, **38**
Asil 36, **36**
Augenentzündungen 114
Auslauf 67, 71–72, **71, 72**, 74–75, 98
Ausreißer 76, **76**

B

Bachblüten 102
Bankiva-Huhn 26, **27**
Bantam 39, **39**
Beleuchtung, künstliche 61
Beschäftigung 80–81, **80, 81**
Bronchitis, Infektiöse 105, 110
Brütigkeit 132
Brutnest 132

C/D

Clickertraining 82–83, **82–83**
Domestikation 26–27
Dotter 119, 121

E

Eiablage 18, 120
– Probleme bei der 128–129
Eier
– Entstehung 119–120
– Frischetest 126
– Größe und Gewicht 123
– Nährstoffgehalt 124–126
– veränderte 120–121
Eierfressen 111
Eingewöhnung 47–48
Einstreu 65–66
Embryonalentwicklung 133
Erfrierungen 69
Ergänzungsfutter 90

F

Federlinge 108
Federn kürzen 77, **77**
Federpicken 111
Fertigstall 56, **56**, **58**, 62–63, **62, 63**
Fleischrassen 33
Flöhe 108
Fluchtverhalten 19, **19**
Flugfähigkeit 12–13, **12**, 20, 76, **76**
Fortbewegung 19, **19**
Frischfutter 90
Futteraufnahme 87, **87**
Futterspender 64, **65**, 67
Fütterung 88–90
Futterzusätze 90

G

Gefieder 12, **13**
Gefiederpflege 18, 93, **93**, 96
Geflügelpest, Klassische 110
Geflügelschnupfen, Ansteckender 110
Geruchssinn 16
Geschmackssinn 15
Gesundheitscheck 94–95, **94, 95**

H

Hackordnung 21
Haltegriff 35, **35**
Henne, männliche 129
Homöopathie 102
Hörsinn 15
Hühner
– kaufen 40–41
– mieten 42–43
Hühnerapotheke 102, 106–107, **106, 107**
Hühnerknödel 91, **91**
Hühnerstall
– Ausstattung 64–67
– bauen 56, 58–61
– kaufen 56–57
– , mobiler 56
– planen 55–57
– reinigen 98–99
Hybridhühner 34, 123

I/J

Impfungen 104–105, 112
Italiener 38, **38**
Jersey Giant 36, **36**
Junghühner 134

K

Kalkbeinmilben 108
Kamm 14
Kämpferrassen 34
Kannibalismus 111
Kehllappen 14
Keimsaat 91, **91**
Knochenbrüche 114
Kokzidiose 105, 109
Körnerfutter 89
Körpersprache **24**, 25
Krallen schneiden 96
Krankheiten 108–110
– erkennen 94–95, 101, 113
– vorbeugen 101, 112–113
Kropfverstopfung 115
Kükenruhr 109, 110
Kunstbrut 133

L

Lafayettehuhn **26**, 27
Laryngotracheitis, Infektiöse 105
Lautsprache 24–25, **25**
Legeleistung 123
Legenester 19, 66, **66**, 67
Legenot 115
Legerassen 32
Leghorn 38, **38**

M/N

Marekschе Krankheit 105, 110
Mauser 95
Medikamente 102, 103, **103**
Miniatureier 120, 129
Muschelkalk 90
Nachzucht 131
Naturbrut 132
Newcastle Disease 104–105

O

Ohrscheiben, Ohrlappen 14, **15**
Orpington 36, **36**

P/Q

Paarung 132
Phytotherapie 102, 138–139
Picken 17
Pullorumseuche 110
Quarantäne 101–102, **101**

R

Rangkämpfe 22, **22**
Rassezucht 27
Rechtliche Vorgaben 28–29, 31, 33
Regenwurmfarn 135
Rezepte mit Ei 127
Ruheverhalten 18, **19**

S

Salmonellen 105, 110, 113
Sandbad, Staubbad 18, **19**, 66
Scharren 17
Schlafverhalten 18
Schlupf **129**, 134
Schnabel 16, 96
Schockstarre 20
Sehsinn 14–15, **14**
Seidenhuhn **13**, 37, **37**
Sicherheitsvorkehrungen 73
Sitzstangen 67
Sonnerathuhn 27
Sozialverhalten 21, 23
Sporn 13
– schneiden 97, **97**
Stallhaltungspflicht 28
Stallgröße 55, 67
Stallklima 59–61
Ständer 18, **18**
Sussex 37, **37**

T

Tastsinn 15
Tierarzt 102
Tränken 64, **64**
Transport 47, **47**
Tretakt 131

U/V

Überhitzung 68
Verdauung 87
Vergesellschaftung 50–51, **51**, 52–53, **53**
Vergiftungen 115
Verhaltensstörungen 111
Vertrauen aufbauen 49, **49**
Vogelgrippe 110
Vogelmilbe, Rote 109
Vorwerkhuhn 37, **37**

W

Wasser 90
Weichfutter 89
Westfälischer Totleger 39, **39**
Wunden 114
Würmer 109, 113

Z

Zaun 72
Zierrassen 34
Zwergcochin 39, **39**
Zwerghühner 34
Zwiehuhnrassen 33

ADRESSEN & LITERATUR

VERBÄNDE

Bund deutscher Rassegeflügelzüchter,
Dorfplatz 2,
01920 Haselbachtal OT Reichenbach,
www.bdrg.de

Verband der Hühner-, Groß- und Wassergeflügelzuchtvereine zur Erhaltung der Arten- und Rassenvielfalt,
www.vhgw.de

Verband der Zwerghuhnzüchter-Vereine (VZV),
www.vzv.de

Rassezuchtverband Österreichischer Kleintierzüchter (Sparte Geflügel),
www.rassegefluegel.at

Rassegeflügel Schweiz,
www.kleintiere-schweiz.ch

ONLINESHOPS

Alles, was Hühner brauchen
www.huehner-shop.com (D)
www.meinhof.at (A)
www.bankiva.ch (CH)

Fertigställe
www.huehnerhaus-mobil.de
www.omlet.de

WEBSEITEN

Infos rund ums Huhn
www.huehner-haltung.de
www.huehnerhof.net
www.wiesenwissen.at/

Foren zum Austausch mit anderen Hühnerliebhabern
www.huehner-info.de/forum
www.huehner-blog.de

LITERATUR

Barber, J.:
Das Huhn – Geschichte, Biologie, Rassen. Haupt Verlag, Bern

Husson, H.:
Alles über Hühner.
Ulmer Verlag, Stuttgart

Schiffer, K. J., Hotze, C.:
Hühner halten: artgerecht und natürlich.
Franckh-Kosmos Verlag, Stuttgart

von Lüttwitz, M.:
Hühner halten – das Rundum-Sorglos-Paket. Gräfe und Unzer Verlag, München

Woernle, H., Jodas, S.:
Geflügel gesund erhalten – Krankheiten vorbeugen, erkennen und behandeln
Ulmer Verlag, Stuttgart

WICHTIGE HINWEISE

Alle Ratschläge und Empfehlungen in diesem Buch wurden sorgfältig recherchiert und in der Praxis erprobt. Dennoch erfolgen alle Angaben ohne Gewähr. Weder Autorin noch Verlag können für eventuelle Nachteile oder Schäden, die aus den im Buch vorgestellten Informationen resultieren, eine Haftung übernehmen. Da einige Erreger von Hühnerkrankheiten auch auf den Menschen übertragen werden können, empfiehlt es sich, im Umgang mit den Hühnern strikte Hygiene einzuhalten und nach jedem Kontakt mit den Tieren und nach Arbeiten im Stall die Hände gründlich zu waschen. Bei Verletzungen umgehend den Arzt aufsuchen und ggf. die Tetanus-Impfung auffrischen lassen. Technische Geräte im Stall sollten zu Ihrer Sicherheit ein TÜV-Prüfzeichen besitzen.

IMPRESSUM

DIE AUTORIN

Esther Schmidt ist eine erfahrene und engagierte Hobbyhalterin von Hühnern, Kaninchen und anderen Kleintieren. Von Anfang an war es ihr Anspruch, Haltungsbedingungen zu schaffen, die denen in den ursprünglichen Lebensräumen der Tiere möglichst nahekommen. Dabei ist es Esther Schmidt immer gelungen, den intensiven Kontakt und die Vertrautheit zu ihren Tieren zu bewahren. Ihr Wissen und ihre Erfahrungen hat sie bereits in zahlreichen Büchern und Zeitungsartikeln an andere Tierliebhaber weitergegeben.

DANK

Autorin und Verlag danken Dr. Michael Haimerl, Dr. Ferdinand Schmitt, Steffen Specht und Dr. Doris Gansinger, dass sie sich für ein Interview bereit erklärt und dieses Buch mit ihrem fachlichen Input bereichert haben.

BILDNACHWEIS

Alamy: 27, 31-2, 133-2; **Fotolia:** 29-1, 29-2, 39-1, 44, 51-1, 51-3, 58, 60, 65, 76, 101, 122-3; **GAP:** 46; **Getty Images:** 7-4, 9, 25-3, 30, 34, 66, 68, 71, 137-3; **Oliver Giel:** 2, 5-2, 8, 10-2, 10-3, 11-3, 12, 15, 18, 19-3, 20, 21, 24, 25-1, 25-2, 32, 35-1, 35-2, 35-3, 36-1, 37-2, 38-3, 38-4, 39-3, 40, 47, 49-1, 49-2, 49-3, 50, 53-1, 53-2, 64, 69, 70, 74-2, 74-3, 75-2, 75-3, 77-1, 77-2, 77-3, 78, 79, 80-2, 80-3, 81-2, 81-3, 82, 83-1, 83-2, 83-3, 85, 86, 87, 91-2, 91-3, 92, 93, 94, 95, 97-1, 97-2, 97-3, 98, 100, 103-1, 103-2, 103-3, 104, 106-2, 106-3, 107-2, 107-3, 110, 113-1, 113-2, 114, 123-3, 128, 129, 132, 133-2, 135-1, 135-2, 139-2, 139-1, 139-2, U4-1, U4-3; **Manfred Horvath:** 19-2; **Imago:** 6, 45; **iStock:** 37-1; **Juniors Bildarchiv:** 14, 39-2; **Mauritius Images:** 13, 17, 36-3, 38-2, 43-2, 125, 133-1; **Miete ein Huhn:** 43-1, 43-3; **Okapia:** 61; **Omlet:** 56, 62, 63-1, 63-2, 63-3; **Plainpicture:** 11-2, 19-1, 119-3, 137-1; **Privat:** 28, 52, 112, 138, 144; **Esther Schmidt:** 121-1, 121-2, 121-3; **Shutterstock:** 22, 36-2, 37-1, 54, 55, 108; **Stocksy:** U1, 4-2, 5-1, 42, 51-2, 59, 72, 84, 88, 96, 115, 116, 117, 118, 122-2, 123-3, 124, 130, 131, 136, U4-2; **Trio:** 4-1; **Vario Images:** 26, 37-3.

Alle Illustrationen stammen von **Katharina Rücker-Weininger.**

Syndication: www.seasons.agency

Projektleitung: Anita Zellner
Lektorat: Dr. Stefanie Gronau
Bildredaktion: Petra Ender
Layout, Typografie und Umschlaggestaltung: independent Medien-Design, Horst Moser, München
Herstellung: Anna Bäumner
Satz: Ludger Vorfeld
Repro: Longo AG, Bozen
Druck und Bindung: Printer Trento s.r.l., Trento

Umwelthinweis: Dieses Buch ist auf PEFC-zertifiziertem Papier aus nachhaltiger Waldwirtschaft gedruckt.

ISBN 978-3-8338-6643-2
3. Auflage 2021

www.facebook.com/gu.verlag

GRÄFE UND UNZER

Ein Unternehmen der GANSKE VERLAGSGRUPPE

QUALITÄTS G|U GARANTIE

LIEBE LESERINNEN UND LESER,

wir wollen Ihnen mit diesem Buch Informationen und Anregungen geben, um Ihnen das Leben zu erleichtern oder Sie zu inspirieren, Neues auszuprobieren. Wir achten bei der Erstellung unserer Bücher auf Aktualität und stellen höchste Ansprüche an Inhalt und Gestaltung. Alle Anleitungen und Rezepte werden von unseren Autoren, jeweils Experten auf ihren Gebieten, gewissenhaft erstellt und von unseren Redakteur*innen mit größter Sorgfalt ausgewählt und geprüft.

Haben wir Ihre Erwartungen erfüllt? Sind Sie mit diesem Buch und seinen Inhalten zufrieden? Wir freuen uns auf Ihre Rückmeldung. Und wir freuen uns, wenn Sie diesen Titel weiterempfehlen, in Ihrem Freundeskreis oder bei Ihrem Online-Kauf.

Sollten wir Ihre Erwartungen so gar nicht erfüllt haben, tauschen wir Ihnen Ihr Buch jederzeit gegen ein gleichwertiges zum gleichen oder ähnlichen Thema um.

KONTAKT ZUM LESERSERVICE

GRÄFE UND UNZER VERLAG
Grillparzerstraße 12
81675 München
www.gu.de